MÉTÉOROLOGIE

DE L'INFLUENCE DE LA LUNE SUR LE TEMPS

BLUETTE

Dirigée contre les Almanachs prophétiques

PAR UN MARIN

PARIS

LIBRAIRIE LEIBER

RUE DE SEINE, 13

—

1869

MÉTÉOROLOGIE

DE L'INFLUENCE DE LA LUNE SUR LE TEMPS

aris. — Imp. E. Voitelain et Cᵉ, rue J.-J.-Rousseau, 61.

MÉTÉOROLOGIE

DE L'INFLUENCE DE LA LUNE SUR LE TEMPS

BLUETTE

Dirigée contre les Almanachs prophétiques

PAR UN MARIN

PARIS

LIBRAIRIE LEIBER

RUE DE SEINE, 13

1869

DE L'INFLUENCE DE LA LUNE

SUR LE TEMPS

De toutes les superstitions humaines, la plus ancienne probablement, mais en même temps la plus naturelle, est celle qui a les astres pour objet. L'homme est si faible, si abandonné, si maltraité sur cette terre, qu'on nous dit avoir été créée pour lui, que, dans sa détresse, il lui a fallu chercher des consolations ou de l'espoir en dehors des influences ennemies qui l'environnent et pèsent sur lui chacune à sa manière. Ainsi, quand le laboureur a vu sa récolte, fruit de tant de travaux et son unique ressource, menacée de destruction par l'intempérie de la saison, et que ses regards, après avoir interrogé tout ce qui l'entoure, n'ont rencontré qu'un mutisme complet, ils se sont naturellement portés vers le ciel, pour lui demander l'assistance que la terre lui refusait. Il en a été de même pour le marin battu par la tempête, qui sait qu'il y va de son existence si elle ne s'apaise, et comme rien de ce qu'il voit ne peut l'instruire à cet égard, ainsi que le laboureur, il a cherché à lire dans le ciel le sort qui lui était réservé. L'homme s'est adressé aux astres par la même raison qui le porte à s'adresser à Dieu, avec cette différence qu'il a su les rendre complices de ses craintes ou de ses espérances. Le temps n'est pas encore loin de nous où nos actions, et même nos vies, semblaient dépendre de l'influence des planètes, et quant à celle attribuée à la lune, bien que les astronomes en aient fait justice, comme elle est encore répandue parmi le peuple, et même chez des personnes douées d'instruction, nous allons essayer de prouver à notre manière, en nous appuyant sur les données positives de la science, qu'elle n'a pas plus de fondement que les erreurs astrologiques. Si nous obtenons quelque résultat de notre travail, nous ne croirons pas avoir perdu notre peine, toute superstition dévoilée étant un service rendu, malgré elle, à la société.

Notre but est de démontrer, par les raisonnements les plus simples, et à la portée de tout le monde, que la prédiction approchée ou éloignée, des variations atmosphériques, c'est-à-dire des changements qui nous surprennent, soit dans le temps, soit dans la marche des saisons, est complétement en dehors de nos connaissances actuelles, et qu'ainsi les almanachs prophétiques ne présentent qu'une utilité fort restreinte, celle de remplir la bourse des prophétiseurs aux dépens de ceux qui les paient, lesquels ne peuvent, en échange, qu'être victimes de leur confiance. Le lecteur doit comprendre qu'il ne s'agit ici que d'une simple causerie, sans prétention d'aucun genre, si ce n'est d'être utile, dont nous lui eussions évité l'ennui par une seule remarque, si nous ne savions que, comme Thomas, il veut voir pour croire; c'est que les hommes véritablement instruits, les hommes de génie, physiciens, astronomes de tous les pays, auxquels on est redevable des progrès de la science, n'ont jamais entrepris la prédiction des changements atmosphériques. Comme ils n'ignoraient certainement pas la grandeur du service qu'ils rendraient à l'humanité, et ne pouvaient être insensibles aux avantages matériels d'une telle découverte, n'est-il pas évident que s'ils se sont abstenus, c'est que la science leur a appris que cette tâche était au-dessus de leurs forces? Ces préliminaires posés, entrons en matière.

Nous commencerons par établir ce principe fondamental de la théorie actuelle, que l'atmosphère terrestre, dont dépendent tous les phénomènes qui se produisent à la surface du globe, n'est soumise qu'à une seule influence, générale ou locale, qui est la chaleur, de telle sorte que si nous supposons, à un jour donné, une égale température atmosphérique sur toute la terre, cette température serait constamment restée la même si la chaleur n'était venue, généralement ou partiellement, la modifier d'une manière quelconque. Le lecteur sait qu'une pareille immobilité eût été fatale au genre humain, et que les variations de température, auxquelles nous devons les pluies, les orages, les vents, les tempêtes, etc., ont pour effet de purifier l'air que nous respirons, c'est-à-dire de le renouveler. Nous concluons de ce peu de mots, car nous sommes tenu d'être bref, que pour jouer un rôle, quel qu'il soit, dans les variations de notre atmosphère, qui produisent celles que nous remarquons dans le temps, il faut lui apporter une dose de chaleur autre que celle qu'elle reçoit du soleil, son unique agent connu jusqu'à ce jour, que cette chaleur soit en plus ou en moins, générale ou partielle.

Le principe que nous venons de poser étant admis, nous devons passer à un autre qui en découle naturellement, et se rattache d'une manière directe à la question qui nous occupe ; nous voulons parler de l'inconstance du temps attribuée à l'influence lunaire, et comme, en notre qualité de marin, nous professons pour l'astre des nuits une estime et une reconnaissance exceptionnelles, nous tenons à le laver d'accusations mensongères et à lui rendre sa blanche robe d'innocence. Si donc la théorie admise ne nous trompe, ce second principe, qui dérive du premier, est que le beau comme le mauvais temps ne dépendent que d'une seule condition, la plus ou moins grande quantité de vapeur d'eau répandue dans l'atmosphère par l'action de la chaleur. Si l'atmosphère est pure, c'est-à-dire sèche et sans mélange, avec seulement sa pesanteur propre, ce qui se reconnaît à une grande hauteur du baromètre, elle se trouve dans ce que nous appellerons son état normal d'équilibre, et l'on peut être rassuré contre toute perturbation quelque peu violente. Pour que cet état puisse changer, il faut que, par l'action de la chaleur, une certaine quantité de vapeurs aient été soulevées d'une manière inégale de la surface du sol, et, plus légères que l'air, se soient mêlées à lui, détruisant son équilibre en même temps qu'elles lui retirent de son poids. C'est alors que le baromètre baisse et que se produisent les pluies et les coups de vent jusqu'au rétablissement de l'équilibre. Il suit de là que les variations dans le temps sont dues uniquement à l'action de la chaleur, qui a détruit l'équilibre et transforme en vapeurs l'humidité répandue inégalement à la surface du globe.

Ces points établis, la question à décider se change en celle-ci : la lune envoie-t-elle à notre globe une dose quelconque de chaleur capable d'exercer une influence sur l'atmosphère? Or, les expériences les plus délicates

et les plus suivies ont démontré la négative de la façon la
plus absolue, et que les rayons lunaires, réunis par la
même lentille qui faisait fondre avec ceux du soleil les
métaux les plus réfractaires, ne produisaient pas la
moindre chaleur appréciable. Il y a plus, mais ceci est
notre opinion personnelle, que nous donnons conséquemment avec la défiance voulue, c'est que les rayons du
soleil, malgré la longueur des jours lunaires, laissent la
surface de l'astre toujours également froide, par cette
raison qu'elle est privée d'une atmosphère dans le genre
de la nôtre, dont la fonction est de les rassembler, ce
qui nous paraît être son emploi véritable, quoique nous
ne puissions l'expliquer à notre entière satisfaction, et
que nos calculs y aient à peu près échoué. Nous croyons
que la température actuelle de la lune est la même que
le jour où, nous ayant rencontrés dans sa course vaga-
bonde à travers les espaces, elle a été retenue par l'attraction terrestre, et forcée de naviguer de conserve
avec nous en qualité de satellite, et nous supposons que
les taches verdâtres, que l'on dit voir à sa surface, proviennent de mers de glace que le défaut de chaleur a
maintenues dans leur primitive solidité. Notre opinion
s'appuie sur ce fait, que nous avons pratiqué sous l'équateur, dans la zone la plus continuellement chaude du
globe, des montagnes éternellement couvertes de glace,
phénomène qui ne peut avoir lieu que parce que les rayons
du soleil n'ont eu à traverser que les couches supérieures
de l'atmosphère, trop déliées pour les rassembler avec
l'énergie suffisante. Le lecteur sait qu'au pied de ces
mêmes montagnes, dont la hauteur est à peine de deux
ieues, la chaleur est toujours excessive, et que ces deux
lieues ne représentent guère que le septième de l'épais-

seur totale de l'atmosphère, dont elles sont, il est vrai, de beaucoup la partie la plus dense, et nous le laissons juge de ce qui doit se passer en dehors de toute atmosphère, quand on se trouve absolument dans le vide, comme nous le savons pour la lune. L'expérience, cette pierre de touche de la théorie, et le raisonnement, qui ne fait que la confirmer, si nous ne nous trompons, s'unissant pour démontrer une absence complète de chaleur, propre ou acquise, chez notre satellite, nous en concluons qu'il ne peut exercer, sous ce rapport, aucune influence sur les variations atmosphériques.

Ici, nous nous permettons une courte digression, supposant qu'un de nos lecteurs nous adresse la question suivante, conséquence naturelle de ce qui précède : « Puisque, suivant vous, les rayons du soleil laissent notre satellite toujours froid, vu son défaut d'atmosphère, ces rayons ne possèdent donc pas en eux-mêmes de chaleur propre et communicable? » Voici quelle serait, en abrégé, notre réponse, que nous donnons pour ce qu'elle vaut. Nous savons que le soleil est un globe de feu, quelle qu'en soit la composition, très-capable de brûler tout ce qui y tomberait; mais nous croyons aussi que sa sphère d'activité brûlante est très-bornée et ne s'étend pas dans le vide. Pour qu'il y ait combustion et chaleur, il leur faut un milieu contenant les gaz indispensables à leur formation, et une densité qui leur permette de se développer et de s'étendre, dans le genre de notre atmosphère, par exemple, et comme le vide en est dépourvu, il semble que ces deux effets ne sauraient s'y produire. Si le feu, père de la chaleur, ne peut exister dans le vide, n'est-il pas naturel qu'il en soit de même de son enfant? Nous nous figurons que l'on peut approcher le soleil de très-près sans craindre pour sa peau, sinon pour ses yeux, et, de plus, que des rayons divergents comme les siens, en raison de sa forme sphérique, ne peuvent brûler à distance, étant ainsi propres plutôt à disperser la chaleur qu'à la concentrer. Sans prétendre remonter à l'origine des choses, il est permis de croire que leur fonction est de répandre le calorique nécessaire à la vie, sur tous les points de notre système solaire, dans un but d'utilité générale, lequel n'aurait pu être atteint avec des rayons convergents, d'une portée nécessairement limitée, dont l'action eût été violente et destructive. Il semble ensuite qu'au lieu de répandre dans tout notre univers une chaleur qui eût été perdue, il était beaucoup plus simple de se contenter d'une lumière innocente, en lui donnant la propriété de se transformer en chaleur à la rencontre des corps qui en auraient besoin, lesquels il suffirait de doter d'un milieu propre à la convertir en chaleur. Les rayons de lumière ne sont autres que des rayons de chaleur projetés à distance, et bien qu'ils doivent perdre de leur intensité, autant par la divergence que par l'éloignement, puisque rien ne s'oppose à leur transmission pleine et entière dans le vide, lorsqu'ils rencontrent un milieu qui les réunit, atmosphère, lentille de verre, miroir concave, ou autres, car, isolés, ils n'ont aucune force, ils redeviennent ce qu'ils étaient à leur départ du soleil, des rayons de chaleur, capables d'en produire une plus ou moins grande, suivant les dispositions du milieu qui les reçoit ; mais tant qu'ils errent dans le vide, se fuyant les uns les autres, pour ainsi dire, leur action est nulle comme calorifères. Ainsi donc, suivant nous, l'atmosphère terrestre, en rassemblant les rayons de lumière par un procédé quelconque, est la source unique de la chaleur que nous éprouvons, tandis que la lune, isolée dans le vide, sans aucun genre d'appendice pour lui rendre le même service, se borne à réfléchir, ou plutôt à recevoir, les rayons aussi froidement qu'ils lui sont parvenus. Il suit de cette courte explication, toujours si nous ne nous trompons, que la chaleur proprement dite ne saurait se propager dans le vide, tandis que la lumière, sa fille. douée au plus haut degré de cette propriété, a besoin qu'on lui vienne en aide pour redevenir chaleur, telle qu'elle était au moment de sa naissance. Les rayons de lumière portent en eux-mêmes la faculté de devenir chaleur; mais jusqu'au moment de leur métamorphose par leur réunion, ils ne sont pas plus de la chaleur qu'un œuf de poule n'est un poulet, ou un gland un chêne. Après les excuses voulues, nous retournons à notre plaidoyer en faveur de la lune.

A défaut de chaleur, on nous objectera, sans aucun doute, l'action de notre satellite sur les eaux de l'Océan, pour en déduire une plus forte sur l'atmosphère, notre réponse est encore bien facile. Nous ne connaissons, *de visu*, c'est-à-dire par le témoignage de nos sens, l'action de la lune sur notre globe que par une seule et unique manifestation, celle des marées. Supprimez les marées pour un instant, et nous défions le plus habile homme de la terre, voire M. Mathieu (de la Drôme), de découvrir la moindre trace de cette action. C'est donc par la seule analogie, et non par l'expérience et le calcul qui ne s'y prêtent en aucune façon, que nous savons, ou plutôt que nous supposons une action de la lune sur notre atmosphère; alors nous demandons de quel droit on est sorti des limites de ladite analogie? L'action sur l'Océan est générale, lente et progressive, sans la moindre perturbation, parce qu'elle s'exerce sur la masse entière, et pour en supposer une différente sur l'atmosphère, il aurait fallu commencer par nous en donner les raisons. On sait que l'attraction est une force en vertu de laquelle tous les corps, solides, liquides ou aériformes, s'attirent en raison directe de leurs masses, et elle est la même pour le corps entier comme pour chacune de ses molécules, ce qui en maintient l'harmonie préexistante en l'empêchant d'y porter aucun trouble. Supposer une attraction variable et divisible, est tout simplement une absurdité contre les faits, le sens commun et la science, c'est-à-dire contre le système du monde dont elle est la base fondamentale. Concevez-vous, lecteur, notre satellite qui, par des motifs de prédilection ou autres, varierait son attraction en mille endroits divers à la fois, ce qui serait de rigueur pour produire, au même moment, tant de perturbations locales et différentes? Le flux et le reflux de la mer ne produisent ni vagues ni grosses lames, pas plus que le flux et le reflux atmosphériques, s'ils existent, ne peuvent engendrer de coups de vent.

Le phénomène des marées n'est sensible à nos yeux que parce que l'Océan est entrecoupé de terres qui lui offrent des obstacles à surmonter, sans quoi on ne s'en apercevrait pas plus qu'en pleine mer, où l'on peut dire qu'il n'existe pas. Supposons que la terre fût uniquement composée d'eau, il n'y aurait plus de marées, mais il se formerait un renflement dû à l'attraction de la lune, et qui la suivrait dans sa révolution diurne, à son passage sur nos têtes à chaque méridien. Il en est de même, croyons-nous, pour l'atmosphère, qui doit, puisque rien ne l'arrête dans son expansion, éprouver un renflement pareil à celui que nous venons de supposer pour l'Océan délivré de ses barrières, quoique plus ou moins grand en raison de son poids et de sa mobilité, ce que nous n'examinons pas ici. Il existe donc, probablement, car nous raisonnons d'après la seule analogie, une sorte de soulèvement atmosphérique, quelle qu'en soit la hauteur, qui accompagne notre satellite dans sa révolution diurne, et comme il ne change en rien la position relative des molécules entre elles, on conçoit qu'il ne saurait influer sur leurs perturbations locales.

Après avoir démontré la parfaite nullité de l'astre même, nous aurions pu nous dispenser de parler de celle de ses phases, cependant comme ce sont elles qui ont donné lieu à l'erreur, nous allons les prendre corps à corps en peu de mots. Nous dirons d'abord que la lune ne présente que deux phases, lorsqu'elle cesse d'être pleine pour s'acheminer à devenir nouvelle, et réciproquement, phases dont la durée mathématique est de moins d'une seconde, puisqu'elle parcourt environ cinq lieues dans ce faible espace de temps, et que dans sa marche régulière entre ces deux points extrêmes, les changements de lumière sont égaux et progressifs, n'ayant pas plus droit les uns que les autres à la qualité de phases et conséquemment à une influence différente. Si nous admettons même une action quelconque sur notre globe, le simple bon sens démontre que les prétendues phases ne peuvent aucunement la modifier. En effet, qu'on le voie un peu, beaucoup ou pas du tout, notre satellite n'en existe pas moins présent dans le point du ciel que lui assigne sa révolution diurne, exerçant chaque jour et chaque minute la même action égale et invariable, qui durera aussi longtemps que nous resterons tous deux ce que nous sommes. Est-ce que la logique ne dit pas qu'il n'y a rien de changé dans l'action de la lune, que nous voyions son disque entier, ou bien le quart ou la moitié ; que ces apparences sont aussi inoffensives que la lumière qui les produit, et qu'en définitive ce sont elles seules qui ont enfanté le préjugé que nous combattons. Supposons que la lune se fût toujours montrée sous le même aspect, pleine par exemple, personne n'aurait songé à lui attribuer plus d'influence dans un jour que dans l'autre ; eh bien ! à la lumière près, nous disons qu'elle est toujours pleine, ce que prouve son action égale et invariable sur les eaux de l'Océan. La différence entre les grandes et les mortes eaux ne provient pas de ce qu'elle exerce une action plus forte à cette époque que dans les autres, mais de ce qu'elle est augmentée, dans le premier cas, de celle du soleil, et pour peu qu'on veuille y réfléchir, on concevra que les rayons de cet astre répercutés par la lune ne changent rien à sa force d'attraction. Enfin, comme personne ne prétendra, nous le supposons du moins, que notre satellite agisse sur l'atmosphère au moyen de la chaleur, et qu'il ne lui en reste pas d'autre, à notre connaissance, que l'attraction, il resterait à démontrer comment cette force, dont le rôle unique jusqu'à ce jour a été de pousser les corps les uns vers les autres, s'est métamorphosée, par un don particulier de la lune, en manufacturière et distributrice de la sécheresse et de la pluie, du vent et du calme, du beau et mauvais temps, et cela dans le même jour et à la même heure, sur tous les points de notre globe microscopique.

Si nous consultons maintenant les faits, nous verrons que les observations suivies par les hommes les plus capables, en tête desquels nous mettons les astronomes, démentent formellement tout rapport entre ce qu'on appelle les phases et les changements atmosphériques. Ce qui trompe le vulgaire est le rapprochement des phases qui, moyennant les concessions, permet toujours d'attribuer à l'une d'elles les changements survenus dans le temps. On ne compte que quatre phases distantes de sept jours, et conséquemment que quatre points distants de chacune d'elles de trois jours et demi; or, quand le changement ne s'opère pas juste à un de ces points, ce qui doit être fort rare, en admettant qu'on y fasse attention, on l'attribue, pour les besoins de la cause, à la phase la plus proche, qu'il s'agisse d'un, deux ou trois jours. On conçoit qu'avec de pareils juges il était difficile à notre pauvre satellite d'échapper à un sentence capitale, et nous serons heureux si le plaidoyer, que nous venons de tenter en sa faveur, contribue à le réhabiliter un peu, et qui sait? peut-être à lui rendre sa complète innocence.

Avant d'aborder la seconde partie de notre travail, nous prévoyons le cas où certaines personnes, voyant avec regret se dissiper une illusion qui leur était chère, nous demanderaient quel est le rôle utile de la lune à notre égard, et si on nous l'a donnée uniquement pour soulever deux fois par jour les eaux de l'Océan. Nous nous croyons obligé de leur soumettre notre opinion qui servira d'appui moral à ce qui précède, estimant superflu d'ajouter qu'elle est entièrement personnelle, c'est-à-dire énormément sujette à erreur, comme toutes celles qui ne reposent pas sur des chiffres, et à laquelle, du reste, nous attachons une médiocre importance. La voici dans toute sa simplicité. En outre des grandes planètes qui suivent une marche régulière autour du soleil, il existe

un nombre illimité de corps de différentes grosseurs,
parcourant les espaces dans toutes les directions, ainsi
que le prouve la découverte récente de tant d'astéroïdes,
et la lune qui était un de ces corps, nous ayant rencontrés sur sa route, a été retenue par l'attraction terrestre,
au lieu de suivre sa direction primitive et contrainte de
tourner autour de nous, comme nous-mêmes autour du
soleil, sous les lois duquel nous sommes arrivés de la
même manière. Si donc nous ne nous trompons, la lune
n'est qu'un accident dont la terre pouvait fort bien se
passer ; et ce qui nous confirme dans cette idée, c'est
que sa sœur Vénus, qui lui est à peu près égale et pareille en toutes choses, ne semble nullement en sentir le
besoin, puisqu'elle accomplit ses devoirs envers le soleil
avec une régularité qui ne laisse rien à désirer. Sous
quelque point de vue que l'on envisage les choses, notre
satellite ne nous était pas nécessaire, d'abord parce que
la terre et ses habitants se passeraient fort bien de ma-
·rées océaniques et atmosphériques, ainsi que de la moitié de leurs nuits plus ou moins éclairées, et ensuite
qu'elle accomplirait également bien sans lui sa révolution diurne et annuelle autour du soleil. Le plus bel
éloge que l'on puisse faire de notre satellite se réduisant
à une complète inutilité (nous pensons qu'il nous sera fu-
neste dans la suite des temps, à cause de son attraction
personnelle et séparée du soleil quand il se trouve dans
ses quadratures), on est autorisé à croire que nous le devons au hasard seul. Au reste, la rencontre que nous
supposons est une conséquence naturelle des lois de
l'univers, suivant laquelle l'illustre Arago a calculé qu'il
existait deux cent quatre-vingt millions de chances
contre une, relativement à la rencontre d'une comète

avec la terre, et que tout porte à croire qu'il y a autant
de corps errants que de comètes. Nous ignorons sur
quelles bases il a établi son calcul, puisque la dimension
de l'espace et le nombre des comètes doivent lui avoir
fait défaut ; néanmoins, ce qui le prouve réalisable, c'est
qu'il y a trente-quatre ans, la comète de Halley a coupé
l'orbite de la terre un mois avant quelle ne fût rendue au
même point, ce qui ne la mettait qu'à quinze ou dix-huit
millions de lieues, distance infime, astronomiquement
parlant. Il ne s'en est donc fallu que d'un mois, court
intervalle dans la vie si courte de l'homme, pour que la
chance unique se réalisât, et Dieu sait quelles. en eus-
sent été les conséquences, car il est très-fort permis de
douter que toutes les comètes soient aussi inoffensives
qu'il a plu à M. Babinet de le raconter.

Nous ne voudrions pas abuser de la patience du lecteur, cependant comme nous y sommes conduit par notre
sujet, nous espérons qu'il nous pardonnera de lui faire faire
un petit voyage dans le domaine de l'inconnu, en tirant
de ce qui précède les conclusions suivantes qui peuvent
l'intéresser.

1º Qu'il existe pas mal de probabilités pour qu'un
jour notre globe donne un ou plusieurs compagnons à
notre satellite actuel, suivant en cela l'exemple des planètes supérieures, beaucoup plus riches que lui sous ce
rapport, excepté Mars, dont la sphère d'attraction est
peut-être trop faible et trop bornée. Nous ne prétendons
pas que cette adjonction doive se réaliser de notre vivant,
ce qui est néanmoins possible, nous disons seulement que
ce qui est arrivé une fois devant se reproduire, les circonstances restant les mêmes, elle s'opérera à une époque quelconque, les milliers ou les millions de siècles

n'étant rien pour le temps, qui dispose à son gré de l'éternité.

2° Qu'avec la rigueur inappréciable du froid qui doit y régner, la lune ne saurait comporter aucune espèce d'êtres vivants, animés ou non, dans le genre de ceux que nous connaissons, et sans parler de l'absence d'atmosphère.

3° Que sans la couche inférieure atmosphérique de moins de dix kilomètres qui l'enveloppe, couche absolument insignifiante comparée à ses dimensions et aux matériaux qui le composent, notre globe serait exactement dans les mêmes conditions que son satellite, sous le rapport de la vie, ce qui du reste, ne l'aurait pas empêché de fournir sa carrière avec la même ponctualité dont nous sommes témoins, et dont nous avons tant à nous louer.

4° Que les données que nous fournit l'astronomie, quant à l'action du soleil sur les planètes, peuvent être erronées en ce sens que la chaleur qu'il leur communique dépend moins de leur distance à cet astre, que de l'épaisseur ou de la qualité de leur atmosphère, pour que la température et la vie s'y trouvent, à peu près, dans les mêmes conditions que sur la nôtre. Ainsi, par exemple, Mercure qui, vu sa proximité, doit, suivant la théorie actuelle, recevoir sept fois plus de chaleur que nous, ce qui la rendrait comme un four, descendrait à la même température avec une atmosphère plus déliée, dans le genre de nos couches supérieures; tandis que Neptune, auquel sa distance paraît n'en fournir que la millième partie, c'est-à-dire une froidure comme celle de la lune, contre-balancerait l'effet de la distance, par une atmosphère plus épaisse que la nôtre, ou autrement disposée. Nous hasardons cette dernière conclusion, dans la pensée

que le Créateur n'a pas voulu en faire des corps sans
âmes, ne concevant pas le plaisir qu'il peut goûter à voir
des blocs de matière inerte tourner perpétuellement les
uns autour des autres, s'il ne s'y rencontre pas des êtres
intelligents capables de le comprendre et de l'adorer.

Après avoir essayé de prouver que notre satellite,
n'émettant aucune chaleur, et ne pouvant agir sur l'atmosphère que par une attraction générale, constante,
invariable, reste absolument étranger à ses mouvements
qui sont tous locaux, spontanés, accidentels, nous allons
en chercher la vraie cause, en examinant la valeur des
prédictions de M. Mathieu (de la Drôme) considéré comme
chef des prophétiseurs. Nous l'avouons tout simplement,
lorsque la renommée de ses prouesses prophétiques par-
vint à nos oreilles, nous n'y fîmes pas la plus légère
attention, d'abord parce que nous connaissons la bonho-
mie de nos compatriotes, et ensuite que nous logeons à
la même enseigne tous les astrologues possibles. C'est
donc récemment que les lauriers du grand prophète nous
empêchant de dormir, nous nous sommes procuré ses
almanachs pour nous édifier à son endroit. Le premier
que nous avons ouvert nous ayant présenté cette phrase
caractéristique : « Comment le bon Dieu aurait-il oublié
« de régler la marche des vents et des nuages, chargés
« de distribuer l'eau aux hommes, aux animaux et aux
« plantes, » nous l'avons fermé avec un profond respect
pour le génie de l'auteur, qui nous a paru connaître aussi
bien les acheteurs que la marchandise qui leur convenait.
Tout étant commerce aujourd'hui, celui qui a établi le
sien sur l'ignorance et la crédulité des masses, — ces
deux mines inépuisables exploitées avec un succès égal
depuis tant de siècles et de tant de manières différentes,

— a fait preuve d'un grand talent auquel nous ne pouvons refuser notre admiration. Estimable Mathieu qui avez, dites-vous, manqué de vous rendre borgne à force de grouper des chiffres, — lesquels doivent être bien étonnés de se voir mêlés dans cette affaire. — ne vous rebutez pas lors même qu'il s'agirait de perdre les deux yeux. Que voudriez-vous que devînt ce bon peuple français, le plus spirituel de la terre, mais hélas! le moins sensé, si vous lui refusez un aliment indispensable? Vous savez mieux que personne qu'il n'est pas difficile sur le choix des morceaux, vous n'avez donc pas à vous gêner. Si quand vous lui promettez de la pluie il lui vient du beau temps, vous avez assez de preuves que sa foi n'en sera pas ébranlée, puisqu'il finit toujours par pleuvoir quelque part, et d'ailleurs ce ne sera pas vous qui vous serez trompé, mais le bon Dieu qui ayant tant de mondes sur les bras à gouverner, aura oublié de lui donner sa pâture aquatique, comme il oublie quelquefois celle des petits oiseaux. Avec un peuple qui paye aussi volontiers vos doubles, triples et quadruples almanachs, vous ne pouvez manquer d'être un jour canonisé, ô grand Mathieu de la Drôme (1).

C'est qu'en vérité, quelque bonne volonté que nous y mettions, nous ne pouvons prendre au sérieux un homme qui fait intervenir la puissance divine à propos de pluie et de beau temps; nous laisserons donc de côté les fadaises qui lui appartiennent en propre, nous bornant à examiner si l'expérience, dont lui et d'autres prétendent

(1) Cette bluette, corrigée et augmentée aujourd'hui, a été écrite en 1864, alors que M. Mathieu trônait dans toute sa gloire. Elle servira pour ses successeurs, le métier étant de plus lucratifs.

se servir, peut être employée pour la prédiction du temps, et pour cela nous allons expliquer, aussi brièvement que possible, telles que nous les comprenons, l'origine et la cause des variations atmosphériques.

Rappelant le principe que nous avons posé en commençant, il s'en suit que le soleil, comme unique agent de la chaleur à la surface du globe, est la cause première des variations atmosphériques; mais nous croyons que les phénomènes qui en résultent ne viennent pas de lui, c'est-à-dire, que la chaleur qu'il nous envoie n'eût produit qu'un effet constant et invariable comme elle, si la terre, par sa constitution, ne l'eût modifiée de la manière que nous voyons. Nous allons entrer dans quelques détails nécessaires pour nous faire comprendre des personnes étrangères à cette partie de la physique, puisque c'est principalement pour elles que nous écrivons. Supposons que notre globe eût été parfaitement uni, et composé d'une seule matière partout homogène, terre, eau, roche, peu importe, l'action du soleil qui est toujours égale et constante, s'exerçant sur un corps où elle aurait agi uniformément, il semble qu'aucun motif de perturbation ne pouvant se produire, l'équilibre se fût perpétué sans interruption. Cela nous paraît facile à comprendre. Pour qu'il y ait dérangement dans un ordre de choses stable, il faut un agent ou une force qui le modifie dans un sens quelconque, et cette force ou cet agent ne se serait trouvé nulle part, puisqu'il y aurait eu partout complète uniformité. Mais les choses ne sont pas telles que nous venons de les supposer. Si le soleil nous distribue toujours une égale quantité de chaleur, la terre est loin d'être unie et homogène. Les montagnes, les vallées, les mers, les fleuves, les sables, les forêts, les déserts, les glaces des pôles, les plaines de différentes natures, etc., ne reçoivent pas les rayons du soleil de la même manière, et surtout ne produisent pas une chaleur égale. Or, ces différences de chaleur sont justement la cause de la rupture de l'équilibre. On conçoit, par exemple, que l'atmosphère ayant été échauffée, c'est-à-dire raréfiée davantage, dans une localité plus favorable à l'action des rayons, s'y soit portée de la localité voisine qui l'était moins, ce qui a établi un mouvement de transport de la seconde vers la première. Telle est l'origine des courants d'air appelés vents, dont la fonction est de rétablir l'équilibre entre deux ou plusieurs régions inégalement échauffées. Pour compléter la définition, nous ajoutons que la chaleur en agissant sur les corps, a pour effet d'en vaporiser l'humidité qui s'y trouve en proportions inégales, qu'elle répand inégalement dans l'atmosphère, ce qui occasionne, comme nous l'avons dit plus haut, une seconde perturbation toute aussi grave, puisqu'on lui doit les pluies, les orages, les tempêtes. Il résulte de cette courte explication, que la terre serait seule coupable des perturbations atmosphériques — ce qui nous semble assez naturel, — grâce à l'intervention de l'atmosphère elle-même qui, bien que laissée parfaitement froide par les rayons du soleil qui la traverse, les réunit probablement à la manière d'une lentille, et reçoit à son tour du sol, la chaleur qu'elle lui a fait parvenir. C'est pourquoi plus on s'éloigne de la surface, et moins la chaleur est grande. Nous donnerons dans une note A nos raisons pour persévérer dans le rôle que nous avons attribué à l'atmosphère, nous bornant à faire observer que, soit que la chaleur du soleil arrive toute faite à la surface terrestre, comme le veut l'opinion actuelle, soit qu'elle provienne, suivant nous, de la réunion préalable des rayons par ladite atmosphère, l'effet et conséquemment les phénomènes qui en résultent, sont exactement les mêmes.

Après avoir fait comprendre la formation des vents, disons quelques mots de celle de la pluie. Supposons qu'il fasse beau temps et que les rayons du soleil exercent leur action obligée, les parties humides de la terre dégageront peu à peu des vapeurs qui plus légères que les couches inférieures de l'air, iront se loger dans les supérieures. Admettons que cette opération dure un certain temps, on conçoit que toutes ces vapeurs, en s'accumulant, finiront par former une masse compacte, et comme la région où elles se trouvent est plus froide que celle d'où elles sont parties, elles reviendront, en se condensant, à leur premier état liquide, pour retomber, sous forme de pluie, sur le sol où elles sont nées. Telle est simplement et rationnellement la cause de la pluie, que chacun est à même de produire avec un vase à couvercle et de l'eau chaude, et comme après la pluie vient le beau temps, on voit qu'ils s'engendrent l'un l'autre en tournant dans un cercle sans fin. La question n'est pas plus maligne que cela, et elle cadre parfaitement avec cette loi de la nature, sans laquelle le monde vivant aurait depuis longtemps cessé d'exister, que tout se transforme et que rien ne se perd. Nous demandons quel rôle l'influence lunaire peut jouer dans cette opération chimique des plus simples, ainsi que dans celle de la formation des vents, qui ne l'est pas moins.

Nous sommes entré dans les détails fort abrégés qui précèdent, afin que le lecteur puisse se former une idée nette sur la matière, et qu'il se persuade bien que les phénomènes en question, le vent et la pluie, sont purement terrestres et locaux, dépendant de lois connues, auxquelles les influences de la lune et du soleil, en tant que corps célestes, c'est-à-dire par leurs attractions, sont complétement étrangers. La nature a des lois générales et particulières qui n'empiètent pas les unes sur les autres, et qui doivent, évidemment, être les plus simples possible ; or, l'attraction partielle de l'atmosphère terrestre, condition indispensable pour une influence sur le temps, nécessiterait celle de la mer au même degré, et ne serait-elle pas une complication inutile, en la supposant possible contrairement à nos preuves ? La terre, en tant que planète, est soumise à la loi générale de la gravitation, mais en tant que corps isolé, elle a ses lois propres qui ne ressortent que d'elle, et celles de l'atmosphère qui est sa propriété, sa chose exclusive, en font partie. Il est probable que les autres planètes formées de matériaux très-différents, ont chacune la leur soumise aussi à des lois particulières. Malheureusement ce que nous savons des nôtres est encore peu de chose en comparaison de ce que nous ignorons, et ce qu'il y a de plus décourageant, c'est que la loi atmosphérique paraît être l'absence de toute loi. Nous allons développer cette thèse de notre mieux, et pour y arriver nous retournons à M. Mathieu de la Drôme.

Le seul côté discutable de la méthode de notre astrologue, laquelle est depuis longtemps celle de beaucoup d'autres, est l'expérience acquise par les observations. Ces Messieurs raisonnent ainsi : En tenant pendant un grand nombre d'années le registre des perturbations atmosphériques, dans le plus de localités possible, on arrivera à une époque où ces perturbations reprendront une marche pareille à celle observée, de telle sorte qu'à dater de ladite époque, il suffira d'ouvrir son registre pour savoir le temps qu'il doit faire dans la journée, et même dans celles qui doivent s'écouler jusqu'à la fin du monde. Et nous, ajoutons que, comme M. Mathieu, indépendamment de ses calculs sur la lune et de sa confiance dans le bon Dieu, croit posséder un registre assez complet, — nous aimons à penser qu'il ne joue pas le temps à pile ou face, ce qui, néanmoins, reviendrait absolument au même, — c'est là qu'il puise ses principales inspirations. Nous allons essayer de prouver que l'expérience, si décisive en tant de cas, est ici complétement défectueuse, et à défaut de lois mathématiques, nous nous servirons de l'expérience même, appuyée sur le raisonnement.

Si la surface de la terre, même avec ses imperfections connues, restait constamment la même, peut-être serait-il permis de supposer qu'après un grand nombre, c'est-à-dire des milliers d'années, les choses reviendraient à leur point de départ, pour parcourir une nouvelle période de variations semblables; mais il n'en est par ainsi, car cette surface se modifie tantôt d'elle-même, tantôt par la main de l'homme. Pour ne citer qu'un exemple, supposons, comme il arrive souvent, une débâcle des glaces polaires jusque par nos latitudes, voilà une cause immense de perturbation. Comment en tenir compte sur un registre, et le pourrait-on, qu'en apprendrait-on sur l'époque des débâcles à venir? Parlons seulement de la surface de la France : est-ce qu'il ne s'y opère pas des changements sensibles chaque année? Les bois que l'on coupe en certains endroits, ceux que l'on plante dans d'autres, les cultures que l'on change, les étangs que l'on assèche ou qu'on remplit, les débordements de rivières, etc., sont autant de causes perturbatrices nouvelles dont on ne peut tenir compte sur un registre, ni connaître les effets. Il y a plusieurs centaines d'années que l'on enregistre les hivers les plus rigoureux, et les années les plus remarquables par la sécheresse ou les pluies, en est-on plus instruit sur la qualité de celles à venir, bien que ce soient des phénomènes autrement graves pour la pauvre humanité que des coups de vent passagers ? L'expérience nous démontre, en mer comme à terre, que les plus faibles combinaisons suffisent pour engendrer les conséquences les plus désastreuses. Ainsi l'on voit souvent par un beau temps calme, un orage ou une trombe se former en un seul point de l'horizon, grossir peu à peu, s'étendre et s'élancer en désolant sur son passage une zone étroite, mais de plusieurs dizaines ou même centaines de lieues de longueur, tandis que les pays adjacents ne s'en aperçoivent pas. Que servira-t-il d'en prendre note, si la chose ne s'est pas encore vue au même endroit, et ne doit se renouveler que dans un temps indéfini, ou peut-être jamais ? Les ouragans des colonies sont des espèces de cataclysmes bien plus remarquables que les tempêtes de nos climats, et dont on conserve les dates depuis environ deux siècles : en est-on plus instruit sur les époques de leurs retours ? C'est du reste un fait à remarquer, que plus les mouvements de l'atmosphère sont violents, et dignes d'être notés, et moins leur sphère d'action est étendue. Ainsi l'ouragan si désastreux à Calcutta en 1864, paraît s'être maintenu dans une limite de 60 lieues, et nous-mêmes nous rappelons avoir passé à une vingtaine de lieues d'une île tourmentée par un ouragan, et ne nous en être aperçus qu'à l'agitation de la mer, dont les mouvements s'étendent bien au delà de l'action du vent. Ne s'agirait-il que d'une localité sur laquelle une longue suite d'observations semblerait avoir fourni des données plus positives, la prédiction ne peut s'y appliquer davantage, parce que cette localité est soumise à l'influence de ses voisines, qui le sont elles-mêmes à d'autres plus éloignées, de sorte que le temps qu'il fait à Paris provient souvent de perturbations qui ont lieu dans la zone glaciale, ou sur le continent de l'Afrique.

La constitution physique d'un pays et sa position géographique entrent certainement pour beaucoup dans ses rapports avec l'atmosphère, parce qu'elles élèvent comme une espèce de barrière contre les empiètements du dehors ; c'est ainsi qu'il y a des pays plus secs ou plus humides, plus sujets au beau ou au mauvais temps les uns que les autres. On peut donc faire une réserve sous ce rapport, mais lorsque M. Mathieu se fonde sur des observations faites à Genève, depuis quatre-vingts ans, il est permis de se demander quelle parité géologique existe entre cette ville, campée au bord d'un lac au pied des montagnes de la Suisse, et Paris situé dans une plaine traversée par une rivière, ou Brest qui se trouve à l'extrémité d'un continent avec la mer des deux côtés? On peut parier presque à coup sûr, à moins d'être au cœur de la belle saison, alors que le temps est, en apparence, à peu près le même partout en France, qu'il ne se rencontre pas huit jours dans l'année où il soit exactement semblable dans la première de ces localités et les deux autres, et s'il en est ainsi d'après le cours ordinaire des choses, pourquoi en serait-il différemment dans les périodes d'agitation plus ou moins violente. La nature aurait-elle des règles différentes pour le beau et le mauvais temps?

Certes, il n'en est pas ainsi, et loin d'avoir deux poids et deux mesures, la théorie et la logique nous enseignent que sa loi est la même partout, mais qu'elle l'applique dans des proportions différentes. Parce que nous ne voyons pas plus loin que le bout de nos nez, et ne sommes sensibles qu'à ce qui nous touche, nous nous figurons qu'un effort a été nécessaire pour chaque changement qui nous frappe, tandis qu'ils découlent tous d'une loi unique, admirable par sa simplicité comme toutes les autres, et par cela, peut-être, moins à la portée de notre intelligence. Le caillou qui tombe d'une fenêtre dans la rue, est soumis à la même loi qui retient les planètes dans leurs orbites, et une seule impulsion ou force, ne passant pas par le centre, a suffi pour lancer la terre dans sa course annuelle autour du soleil, en lui faisant accomplir son mouvement de rotation diurne. La folle brise que nous voyons effleurer la surface d'un étang pendant quelques secondes, et s'évanouir sans plus laisser de traces, n'a pas d'autre origine que l'ouragan de Calcutta renversant tout sur son passage. L'une et l'autre proviennent de la dilatation de l'air, remplacé par un air plus dense, mais dans le premier cas il s'agissait d'un faible effet tel qu'en était la cause, tandis que dans le second, la dilatation était portée à ses dernières limites en s'exerçant sur une vaste étendue. De même que personne ne prétendra calculer le retour du premier phénomène, ainsi il n'existe aucune raison pour qu'il en soit autrement à l'égard du second. Nous nous figurons, pauvres hommes de rien du tout, que ces commotions dont nous sommes quelquefois les victimes, exigent un effort de la nature, tandis qu'elle n'y fait pas plus d'attention qu'au zéphir dont nous avons parlé. Combien de fois ne nous est-il pas arrivé à nous-même, au milieu de tempêtes qui semblaient vouloir bouleverser notre petit globe, de voir dans une éclaircie du vieux ciel, à une très-faible hauteur, qui n'était peut-être pas de 3 à 400 mètres, les nuages du beau temps aussi tranquilles, que si rien ne se passait au-dessous d'eux ! Cette remarque peut se faire aussi bien à terre qu'en mer.

Nous conclurons de ce qui précède, en thèse générale, que les perturbations atmosphériques, étant locales et provenant de combinaisons sur lesquelles nous n'avons pas de données suffisantes, le registre des observations faites à Genève ou ailleurs, ne saurait être pris comme indicateur du temps pour n'importe quel point de la France, et pour le prouver nous allons citer M. Mathieu lui-même. Suivant lui, l'hiver de 1864 devait être remarquable par ses pluies et inondations, au point qu'on nous a cité des personnes ayant quitté la ville pour aller défendre leurs propriétés contre le fléau prédit, tandis que l'on a rarement vu un hiver aussi sec à Paris, la Seine n'étant pas sortie de ses basses limites. Dans une lettre adressée aux journaux, il annonçait du 28 novembre au 3 décembre des tempêtes comme on n'en aurait pas éprouvé depuis le commencement du siècle, et par une assez rare exception pour la saison, nous sommes restés quinze ou vingt jours avec un temps relativement beau. Nous nous bornons à ces exemples que l'on pourrait multiplier à l'infini, mais qui pour nous sont dépourvus de toute espèce de sel, et si quelque vrai croyant nous objectait qu'il y a eu des pluies et des coups de vent aux environs des époques annoncées, nous le traduirions comme preuve du génie de son prophète, qui s'est arrangé de manière à n'être jamais pris en faute. En effet, pour qu'une prédiction signifie quelque chose, elle doit remplir deux conditions : la désignation du lieu, et l'époque de l'échéance, celui qui vit à Paris, s'inquiétant peu de ce qui se passe à Marseille. Mais il se garde bien de fixer le théâtre de ses prédictions, se bornant à annoncer pour la France des temps quelconques; or, bien que n'occupant qu'une place fort exiguë sur la terre, la France est asséz grande pour qu'il y règne tous les temps connus à la fois. Est-ce qu'il arrive huit jours dans l'année où le temps soit exactement le même à Lille, Paris, Lyon et Marseille, et n'est-il pas clair qu'il doit y avoir une bourrasque dans quelqu'une de ces localités pendant l'hiver, saison choisie par lui avec un discernement qui l'honore, pour l'annonce de ses coups de vent? Si par hasard la France ne répond pas suffisamment à son attente, il se rejette sur l'Italie, la Grèce, la mer Noire, pour y chercher des preuves de son exactitude. Tout cela n'a pas le sens commun, et ne mériterait pas la peine que l'on se donne à le réfuter, si l'absurde, c'est-à-dire le charlatanisme, n'était une des puissances dont il est le plus difficile de triompher, comme ayant pour auxiliaires l'ignorance et l'intérêt personnel.

Si nous nous sommes bien expliqué, le lecteur doit avoir compris qu'ils n'existe aucune règle pour les variations atmosphériques, qu'il s'agisse de leur formation, de leur retour ou de pays choisis tout exprès ; pour dire les choses telles qu'elles sont, notre ignorance est complète, sinon quant à l'origine, du moins en ce qui concerne la marche des phénomènes qui nous occupent, de sorte que nous en sommes réduits à inventer des théories plus ou moins plausibles, parmi lesquelles il s'en trouve un bon nombre dont l'innocence ne laisse rien à désirer.

Après cet aveu, on concevra que c'est en faisant toutes les réserves possibles, et comme complément obligé de notre engagement vis-à-vis du lecteur, que nous en soumettons une nouvelle à son jugement, n'osant nous flatter qu'elle sera la véritable.

Tout ce que nous savons de certain se borne à la loi d'équilibre génératrice du vent, et à la formation de la pluie, mais notre science est en défaut quand il s'agit de l'appliquer, comme il arrive le plus souvent, à des phénomènes qui lui donnent un démenti. Il existe donc une cause, en dehors de nos moyens d'appréciation, qu'il est important de découvrir, et voici le plus brièvement possible le résultat de nos réflexions et de notre expérience. Puisqu'en thèse générale et positive, le vent n'est que le transport d'un air plus dense ou plus froid vers celui qui l'est moins, il s'ensuit qu'il devrait constamment régner un courant d'air des pôles vers l'équateur. Comment se fait-il donc que, dans les deux hémisphères, il n'existe réellement qu'entre les tropiques, combiné avec la rotation diurne, et que l'on éprouve dans les zones tempérées, autant sinon davantage de vents de l'équateur vers les pôles? C'est qu'il se produit au-dessus de nos têtes, et à une hauteur souvent très-faible, un transport, un va-et-vient continuel dans tous les sens, mais principalement entre les pôles et l'équateur, suivant les exigences de combinaisons inconnues. Que ces transports existent, c'est ce dont il est facile à tout le monde de se convaincre chaque jour, en voyant des nuages superposés chasser dans toutes les directions sans se mêler entre eux. Pour que ces mouvements s'accomplissent, il est indispensable qu'ils aient lieu dans des couches d'air indépendantes, et placées les unes au-dessus des autres, voire sur un même plan, sans se toucher. Qu'il y ait donc à la fois des courants d'air supérieurs par couches et en sens contraires, c'est ce qui ne souffre aucun doute, et bien qu'ils suivent toutes les directions, nous ne nous occuperons que de ceux qui se dirigent des pôles vers l'équateur et réciproquement, les seuls auxquels nous puissions appliquer un raisonnement.

L'atmosphère terrestre étant donnée, rien ne saurait l'augmenter ou la diminuer, car si tout se renouvelle, rien ne se perd; il en résulte donc que l'atmosphère des pôles une fois rendue près de l'équateur, suivant la loi de l'équilibre, il n'y aurait plus aliment pour un autre transport, et qu'une espèce de vide se formerait dans la région froide, tandis qu'il y aurait accumulation dans la région chaude. Or, bien que le vide ne soit pas plus en horreur à la nature que le plein, on conçoit qu'il ne saurait exister au milieu d'un fluide dont la fonction principale, sur notre globe, paraît être de le combattre. Il faut donc impérieusement qu'il le remplisse, et comment le peut-il si ce n'est en prenant une des deux routes qui lui sont ouvertes, soit au-dessus de nous, soit à la surface de la terre. L'équilibre, pour le dire en passant, est la grande loi de l'univers, puisque sans lui il n'y aurait que désordre et confusion. C'est lui qui retient les corps célestes dans leurs orbites autour du soleil, en contre-balançant la force qui les en éloigne, par une autre égale qui les y attire, et le soleil lui-même ainsi que ces corps, n'existent dans leur état actuel, que parce que les matériaux qui les composent sont parvenus à se mettre en équilibre. L'atmosphère est soumise à ses lois comme partie intégrante de la terre, seulement comme sa mobilité est extrême, et que de plus elle se prête à une compression et à une dilatation presque illimitées, on comprend que très peu d'efforts suffisent pour troubler et rétablir l'équilibre, ce dont nous ne saurions trop nous louer, puisque c'est à cette faculté que nous devons son déplacement continuel, nécessaire à notre existence.

La certitude des transports atmosphériques entre les pôles et l'équateur, pouvant être considérée comme acquise à l'aide des faits et du raisonnement, il nous faudrait expliquer de quelle manière ils s'opèrent, et c'est ici que commence notre embarras, d'autant que nous croyons que l'atmosphère elle-même n'en sait pas plus long que nous à cet égard; voici néanmoins, une explication basée sur la logique. Lorsqu'il s'est formé un excédent à l'équateur, où elle rencontre la barrière de l'hémisphère voisin, l'atmosphère se trouve d'abord repoussée, puis soulevée dans les régions supérieures, parmi des couches moins denses. Elle reprend alors la route des pôles à la suite des courants qui l'ont précédée, lesquels ont laissé derrière eux une espèce de vide en guise de route, et une fois aux environs du pôle elle se condense de nouveau pour retourner vers l'équateur, par une route supérieure ou inférieure, suivant les exigences de combinaisons ignorées. Telle est en grand, croyons-nous, la marche des transports atmosphériques qui nous séduit pour les deux raisons suivantes : la première, qu'il nous semble très-difficile qu'ils s'y prennent autrement; et la seconde, qu'elle cadre avec la simplicité des moyens employés par la nature, qui consiste ici à produire des vents chauds avec des vents froids et réciproquement, de même qu'elle obtient le beau temps par la pluie et la pluie par le beau temps. Cette idée nous est venue de la remarque que nous avons faite maintes fois, en traversant les parages des vents alizés, que les nuages supérieurs chassaient à l'encontre du vent, c'est-à-dire, se dirigeaient vers les pôles.

Si le lecteur veut bien admettre, telle que nous venons de la supposer, la navette atmosphérique, il doit comprendre qu'elle n'opère pas en ligne directe et tout d'une pièce, avec la régularité d'un courant fluvial. Il est évident que des transports doivent se heurter à d'autres venant en sens contraires, qui les obligent à descendre ou à remonter, ceux qui descendent s'abattant sur la terre dans des conditions que nous ne pouvons que supposer, et souvent en apparente opposition avec la loi d'équilibre. D'après elle, nous devrions éprouver un courant continuel du Nord vers le Sud, tandis qu'il y en a davantage en sens contraire ; cela provient sans doute de ce que les couches se rendant de l'équateur aux pôles par le chemin supérieur, en ont rencontré d'autres qui en venaient, et qui plus denses, ce qu'il faut bien remarquer, les ont refoulées vers la terre ; et comme elles sont douées de cette propriété, c'est-à-dire le vent, que tout obstacle qui les détourne augmente leur force d'impulsion, elles en acquièrent une assez grande pour repousser ou entraîner nos couches superficielles vers le Nord, en triomphant de la loi d'équilibre. Les courants venant du pôle prennent généralement la route supérieure, lorsqu'ils traversent la zone tempérée des vents variables, pour descendre aux environs des tropiques se former en alizés ; et ceux qu'ils chassent de l'équateur, prennent forcément aussi la route supérieure, en passant par dessus les alizés, jusqu'à ce que parvenus dans la zone variable, ils descendent d'eux-mêmes, ou soient refoulés à la surface par d'autres venant du Nord. Comment l'alizé, soufflant toute l'année du Nord, s'alimenterait-il de vent de Nord, si non par des transports supérieurs d'air, puisque la zone variable qui le touche est envahie les trois quarts de l'année par des vents d'Ouest et de S.-O ? Notre thèse se réduit à ceci : il existe des courants continuels des pôles à l'équateur et réciproquement, lesquels, suivant des exigences variables et inconnues, prennent tantôt une route supérieure ou inférieure, de manière à conserver l'atmosphère dans son équilibre général, et si, dans la zone tempérée, les courants se font plus fréquemment sentir du Sud à la surface, cela tient à des conditions de l'équilibre, qui dépassent nos connaissances.

Si l'on admet notre théorie, elle fournit une explication assez logique des principaux phénomènes atmosphériques. Ainsi, les vents du Sud contraires à la loi d'équilibre, seront les courants d'air supérieurs venus de la zone torride avec un reste de chaleur qui, pour la France, se seront abattus sur le sol toujours échauffé de l'Afrique, ou même plus près de nous, et se dissiperont après une course plus ou moins longue. Les coups de vents qui se déclarent subitement sur tant de points à la fois, sans raison apparente, ainsi que les variations instantanées du froid au chaud et du chaud au froid dans une même journée, seront expliqués par une descente des courants supérieurs, au lieu d'être, suivant les bulletins de l'Observatoire, la bourrasque qui se porte d'un lieu à un autre, supposition inadmissible, puisqu'il lui faudrait traverser de longues couches d'air paisible, pour se reformer en bourrasque. Les vents alizés du N.-E. et du S.-E., les seuls constants sur le globe, lorsque l'interposition de continents ou de grandes îles ne vient pas les changer en moussons, y trouveraient aussi une explication satisfaisante. Leur direction du pôle vers l'équateur, ne pouvant provenir de l'atmosphère adjacente au Nord, dont la zone est envahie par les vents variables, si nous admettons les courants d'air un peu froids, venant des pôles en passant par dessus cette zone, et descendant aussitôt qu'ils rencontrent aux environs des tropiques une atmosphère plus dilatée, il suffit de les soumettre à l'influence de la rotation diurne, pour les convertir en vrais alizés. Si l'on nous demandait pourquoi des vents fixes et un temps presque toujours beau, sont le partage des régions intertropicales, tandis que dans les tempérées, les vents et le temps nous désolent par leur variabilité, nous ne pourrions répondre autre chose, sinon que cette différence provient de l'inégalité de leurs températures respectives et de l'absence de courants supérieurs contraires. En effet, les courants supérieurs du Nord, descendant, comme nous venons de le dire, à l'approche des tropiques, ceux qui retournent de l'équateur vers les pôles par dessus les vents alizés, étant seuls, n'éprouvent pas d'obstacles et ne produisent aucune perturbation au-dessous d'eux, ce qui est une première cause de la stabilité du temps entre les tropiques. Quant à l'inégalité des températures, on sait que dans la zone torride et aux environs, les limites extrêmes de la chaleur pendant toute l'année, — nous ne parlons pas des exceptions, — sont à peu près entre 18 et 36 degrés au-dessus de zéro, tandis que chez nous elles varient entre moins 10° et 36 degrés, car la chaleur est quelquefois aussi grande en France que dans les colonies. Nous pensons que cette différence dans les extrêmes, de 46° au lieu de 18, est une des causes de l'instabilité de notre climat, par les luttes qu'elle provoque

3

dans l'atmosphère afin de se rapprocher de l'équilibre.

Notre théorie, c'est-à-dire celle de la science, est la suivante : que tous les phénomènes atmosphériques, sans exception, naissent et meurent dans l'atmosphère, sans aucune coopération du soleil comme corps céleste, de la lune, des étoiles, des planètes ou des comètes (voir la note B), par l'influence de la seule chaleur du soleil, ce qui les soustrait à toute espèce de régularité diurne, annuelle ou séculaire. Jusqu'à présent, nous nous sommes appuyé sur la théorie et le raisonnement; nous allons, pour en finir, car le sujet est peu attrayant en lui-même, chercher nos preuves dans l'expérience, fier de suivre la méthode du grand astrologue dont la France et le coffre-fort pleurent la perte trop facilement réparable.

Les plus saillants des phénomènes aériens sont les ouragans des tropiques; or, l'époque de leur apparition est toujours celle de la plus grande chaleur, lorsque le soleil produit ou achève de produire tout son effet. Dans l'hémisphère Nord, c'est de juillet en octobre, et quelfois novembre; dans celui du Sud, de décembre en avril, qu'on s'y attend, car leur retour n'a rien de fixe, puisqu'on est souvent plusieurs années sans en voir, tandis qu'il en arrive quelquefois plusieurs années de suite. C'est un malheur pour les colonies que le grand Mathieu ne se soit pas occupé d'elles; elles sauraient aujourd'hui à quoi s'en tenir sur ces époques redoutées, de même que nous sur les nôtres, tout ce que nous pouvons présumer dans notre ignorance étant que lorsqu'un phénomène se reproduit toujours dans la même saison depuis la création du monde, cette saison y entre pour quelque chose, et que son caractère distinctif est la chaleur. Nous faisons observer qu'ils sont dus à des causes locales, leur sphère d'activité ne s'étendant guère qu'à deux ou trois cents lieues, et généralement beaucoup moins, ce qui se conçoit, l'équilibre général s'opposant à des perturbations violentes trop étendues. Bien qu'ils ne se déclarent pas toujours de la même manière, le jour ou les deux jours qui les précèdent, la chaleur est étouffante, le calme plat, le ciel terne quoique sans nuages, et personne n'a besoin de baromètre pour prédire la catastrophe. C'est alors la saison des pluies que l'on peut raisonnablement attribuer à la chaleur, tandis que pendant les autres mois de l'année, où le soleil est éloigné, le temps est toujours sec et beau, comparativement frais, et le vent d'une égalité constante. Quel rôle, demandons-nous encore une fois, la lune ou ses phases peuvent-elles jouer dans cette combinaison entre la chaleur et l'atmosphère ?

Les moussons peuvent également, sans blesser la logique, être attribuées au déplacement de la chaleur, puisqu'elles la suivent sans broncher, et nous prenons pour exemple celles de l'Inde. Dans la mousson du N.-E., qui commence en novembre et finit en avril, le temps est frais et constamment beau, — nous ne parlons pas des orages passagers, — parce que le soleil est dans l'hémisphère austral et ne répand qu'une chaleur modérée ; mais dans celle du S.-O., qui commence en mai et finit en octobre, il s'est rapproché, et les pluies sont nées de son influence. L'origine des vents du N.-E. ne diffère pas de celle des alizés, dont ils font alors partie ; quant à ceux du S.-O., qui soufflent de la mer, il est probable que la chaleur du soleil, agissant plus fortement, comme on le sait, sur les terres que sur l'Océan, qui se trouve au Midi, y opère une dilatation plus grande, qui détermine un courant d'air du second vers les premières, lequel apporte avec soi les vapeurs qu'il y a soulevées pour former la saison des pluies. Les moussons représentent, sur une plus grande échelle, le phénomène diurne des brises de terre et de mer; car, nous ne saurions trop le répéter, l'atmosphère n'a qu'un seul mode d'action à son service, la dilatation, qu'elle y mette une seconde ou une année, et comme l'un ne lui coûte pas plus que l'autre, il est bien certain qu'elle n'emprunte aucun secours étranger à la terre, où elle règne en despote. Quant à son secret, comme il consiste dans l'absence de toute règle et dans la violation continuelle de son unique loi, nous ne perdons rien à l'ignorer, puisqu'elle l'ignore elle-même. Enfin, on comprendra mieux notre refus absolu de croire à la possibilité des prophéties, par l'exposé de notre opinion : que depuis l'époque où la terre a revêtu sa forme actuelle, il ne s'est pas rencontré, dans notre climat tourmenté de l'Europe, non-seulement deux années ou deux mois, mais peut-être deux jours absolument pareils et correspondant aux mêmes dates, dans des séries de beaucoup de siècles. Par le cours ordinaire des choses, nous sommes incapables de savoir le matin le temps qu'il fera dans la journée, et voici des spéculateurs qui prétendent l'annoncer des années à l'avance ! N'est-ce pas se moquer des gens? Quand nous voyons une suite de jours semblables, nous disons qu'il fait le même temps. C'est une erreur de nos sens, qui n'aperçoivent pas les modifications intimes qui s'élaborent en s'accumulant, et la preuve qu'il en est ainsi, c'est que sans elles le temps serait constamment resté le même depuis les premiers âges du monde, la nature travaillant toujours lentement et sans secousses, à moins qu'elle ne puisse faire autrement.

Nous eussions pu ajouter bien d'autres preuves à l'appui de notre thèse, qui n'est autre que celle de la science ; mais nous espérons que ce qui précède suffira pour justifier l'exclusion absolue des corps célestes, à l'égard de ce qui se passe dans notre domaine terrestre. Si l'on ne consultait que le bon sens, nous eussions pu nous dispenser de tout ce bavardage par une seule remarque : c'est que la chaleur du soleil étant la cause bien évidente des saisons, qui nous apportent des temps différents en rapport avec elle, on ne pouvait que s'égarer en s'éloignant de cette certitude. Pourquoi fait-il plus beau temps en été qu'en hiver, et n'y éprouve-t-on pas les mêmes brusques changements, si ce n'est parce que la chaleur est plus grande et la température plus douce ? Le beau temps suit le soleil, c'est-à-dire la chaleur, comme le chien le maître qui le nourrit, et s'il se rencontre quelques écarts, ils sont dus à l'humeur turbulente de l'atmosphère, ennemie de tout repos. Il y a bien contre nous la théorie d'un M. H. de Parville, que nous avons lue, il y a plusieurs années, dans les feuilletons scientifiques du *Constitutionnel*, laquelle consiste à faire naviguer l'atmosphère à la remorque du soleil et de la lune, par le lien de l'attraction, devenue, sous sa plume, la plus capricieuse des forces ; nous n'en dirons rien, pour le moment, ne voulant pas fatiguer le lecteur par de telles niaiseries, et renvoyons à la note finale C les personnes qui ont du temps à perdre.

Donc, nous résumons ce qui précède en peu de mots. Les phénomènes atmosphériques sont totalement en dehors de nos prévisions, puisqu'ils dépendent de causes variables et imprévues, ignorées de l'atmosphère elle-même, soumise à la seule loi connue de l'équilibre, qui, bien que violée souvent par des forces supérieures, finit toujours par triompher pour un temps plus ou moins long. Peut-être serait-il plus correct de dire que les perturbations et l'équilibre sont les deux parties intégrantes d'une même loi, indispensable aux fonctions de la nature, puisque sans leur action combinée, c'est-à-dire agissant seuls, ils ne sauraient engendrer que des calamités. Supposez un équilibre constant, ce qui revient à un calme parfait sur toute la terre, les miasmes issus des êtres vivants, animés ou non, et même de certains dépôts de la surface terrestre, auront bientôt corrompu le milieu que les hommes habitent, et leur destruction est certaine, et l'on conçoit pareillement qu'ils ne sauraient vivre au milieu d'un ouragan perpétuel. C'est ainsi qu'une volonté sage et puissante sait, d'un désordre apparent, faire naître l'ordre et la stabilité qui doivent la conduire à ses fins, ce qui ne veut pas dire que nous trouvions tout pour le mieux dans ce meilleur des mondes, *tantum ab est ut contra*. Nous croyons à propos de résumer les données actuelles de la science, faisant observer qu'elles sont positives, comme basées sur les faits et le calcul, et indépendantes de théories plus ou moins plausibles.

APHORISMES MÉTÉOROLOGIQUES

1° Le soleil et la lune, comme globes matériels, attirent le globe terrestre, et, par suite, l'Océan, qui recouvre les sept huitièmes de sa surface, lequel, par sa fluidité, s'y prête séparément et plus facilement que les parties solides. Cette action est générale, constante, invariable, et l'analogie permet de supposer qu'elle est la même sur l'atmosphère. Par l'attraction ci-dessus, on n'entend pas qu'ils entraînent l'Océan et l'atmosphère à leur suite, mais qu'ils soulèvent, en passant au-dessus d'elles, les parties qui leur sont opposées, dans une mesure qui n'est connue que pour l'Océan.

2° La chaleur du soleil, par les modifications qu'elle produit à la surface de la terre, est la cause unique des phénomènes connus sous les noms de pluie, vents, orages, tempêtes.

3° La lune, dépourvue de chaleur, et n'agissant qu'au moyen de l'attraction, ne saurait entrer pour la moindre part dans les mouvements atmosphériques, et malgré la croyance contraire, tout aussi banale que celle relative au temps, son influence est nulle sur les êtres animés comme sur les plantes. Il en est de même du soleil, considéré comme globe matériel, abstraction faite de la chaleur.

4° Ce qu'on nomme les phases de la lune, qui ne sont que des effets de lumière réfléchie, ne changent absolument rien à l'action de l'astre, toujours également présent, ce que prouve son action constante et proportionnelle à sa distance sur les eaux de l'Océan.

5° La loi de l'attraction, soumise à un calcul rigoureux, étant qu'elle s'exerce également sur toutes les molécules d'un même corps, quelle qu'en soit la nature, s'oppose impérieusement à ce que celles du soleil et de la lune, réunies ou séparées, dégénèrent en locales ou partielles. S'il en était ainsi, elle cesserait d'être soumise au calcul, et que deviendrait le système du monde dont elle est la pierre fondamentale ?

6° Les variations atmosphériques étant locales, variables, instantanées, ne sauraient être soumises à aucune espèce de calcul ou d'expérience, le sens commun le dit sans avoir recours à la science. Nous savons comment s'engendrent le vent et la pluie, mais comme nous ignorons les mille causes qui les modifient, et qu'elles seront toujours, croyons-nous, insaisissables, nous posons comme vérité mathématique, qu'il n'est aujourd'hui donné à personne, et dans les circonstances les plus favorables de prédire le temps, avec certitude, seulement trois jours à l'avance. (Voir note D.)

7° Le véritable prophète du temps est et sera longtemps encore le baromètre, dont les prédictions ne s'étendent guère au-delà de vingt-quatre heures, mais avec le mérite d'être infaillibles. Nous disons infaillibles sous ce rapport qu'il indique toujours exactement la pesanteur de l'atmosphère, ou la plus ou moins grande quantité de vapeurs qui y sont répandues, et non le vent ou la pluie qu'il ne connaît pas, mais qui en sont généralement, sinon obligatoirement, la conséquence.

Notre but principal en écrivant cette bluette, a été de prémunir les personnes trop confiantes contre l'erreur, et surtout contre le charlatanisme, ce plus grand ennemi des hommes, dont on peut dire, sans exagération, qu'il règne moralement sur la terre, de même que l'atmosphère y règne physiquement. Il s'agit évidemment du charlatanisme sous toutes ses formes, depuis celle dont nous nous sommes occupé, où il se montre avec le bonnet pointu et la robe constellée de l'astrologue, jusqu'à la pire de toutes où il s'impose avec un tricorne et une robe noire. Nous vivons, pour ainsi dire, de charlatanisme dans le beau pays de France, ce qui n'est pas faire notre éloge, puisqu'il lui faut l'ignorance pour se développer, comme aux vers la pourriture. Comparativement, celui de l'astrologue est enfantillage, mais puisque le hasard nous l'a fait tomber sous la main, nous n'en croyons pas moins avoir rempli un devoir en le combattant, suivant l'étendue de nos moyens.

NOTES

Ces notes sont destinées aux personnes ayant du temps à perdre, ou besoin d'un soporifique.

Note A.

Nous représentons ici le pot de terre luttant contre le pot de fer, puisque nous sommes en contradiction avec l'opinion des savants; néanmoins nous allons ajouter quelques raisons à celles que nous avons données plus haut, pour ne pas avoir l'air de nous rendre sans combat. Ainsi, nous nous refusons absolument à admettre que la chaleur du soleil, — il s'agit de la chaleur substance entièrement différente de la lumière, malgré leur parenté, — puisse se propager et se faire sentir à 30 millions de lieues de distance, surtout quand l'espace à traverser est rempli par son ennemi mortel, le vide. On nous dit bien que l'immensité de l'espace est rempli par un fluide très-subtil, que l'on nomme éther, et très-subtil en effet, puisqu'il nous permet de voir des corps opaques, faiblement éclairés, comme Uranus qui est à près de 600 millions de lieues de nous, et Neptune qui en est à plus de 900, sans parler des étoiles dont la distance est incommensurable. Une telle subtilité ressemble fort à zéro, et nous autorise à supposer que cet éther n'existe pas pour nous, et que l'espace est abandonné à un vide parfait. Que le vide n'oppose aucun obstacle à la transmission de la lumière, rien de plus naturel et de plus facile à comprendre, et c'est pour cette raison qu'il semble incapable de rendre le même service à la chaleur, source palpable et matérielle de la lumière, laquelle chaleur exige, pour vivre et se propager, un milieu dont les molécules se la transmettent les unes aux autres pour arriver jusqu'à nous. Si la chaleur parvenait toute faite à la surface de la terre, les montagnes seraient plus chaudes que les basses plaines, car si l'atmosphère ne s'emploie pas à chauffer, elle devient un obstacle à la transmission de la chaleur, et les montagnes qui en supportent une couche moins épaisse, recevraient une dose plus forte de calorique.

Les rayons du soleil ne parviennent pas directement à la surface de la terre, puisqu'en traversant l'atmosphère ils éprouvent une déviation appelée réfraction. Or, cette réfraction doit nécessairement modifier leur action d'une manière quelconque, qui serait de les refroidir s'ils y entrent avec une chaleur propre, ou de leur donner la chaleur qui leur manque, s'ils y arrivent froids comme nous le prétendons, et quoique nous ne puissions appliquer le calcul à cet effet de la réfraction, il nous est impossible de lui en reconnaître d'autre que la production de la chaleur. C'est une espèce de démonstration par l'absurde de laquelle il résulte que les choses doivent être ainsi, parce qu'elles ne sauraient être autrement. En résumé, tant qu'on ne nous aura pas prouvé que les rayons de lumière peuvent traverser le vide avec une chaleur propre, nous serons autorisé à maintenir le rôle que nous attribuons à l'atmosphère, et que nous soumettons au jugement de plus habiles. Nous expliquons bien la concentration, par l'atmosphère, des rayons du soleil parallèles à l'horizon, de manière à obtenir une certaine

quantité de chaleur; notre embarras provient de l'impos-
sibilité de réunir ceux qui lui sont perpendiculaires, lesquels, au contraire, semblent se fuir. Le premier phénomène suffit-il pour nous procurer la chaleur dont nous
jouissons? C'est encore ce que nous ignorons.

Note B.

Dans l'énumération des astres inoffensifs pour l'atmosphère, nous avons compris les comètes par la raison suivante : en lisant *le Petit Journal* du 29 mars 65, nous y
avons trouvé la lettre d'un M. F.-V. Raspail de Cachan-
Arcueil, dans laquelle nous avons appris : 1°, qu'il était
l'auteur d'un almanach prophétique, sans se donner
comme prophète, mais seulement comme instituteur, et
qu'il a publié un traité succinct de météorologie; 2° que
dans le cycle lunaire de dix-neuf ans, l'année 1865 est
corrélative de 1808, d'où il conclut que le temps doit être
le même dans les deux années. Suivant lui, l'accord s'est
maintenu d'une manière frappante, pendant les premiers
mois de ces deux années, seulement le mois de mars 1865
a été pluvieux, tandis que celui de 1808 a été beau et
nuageux, et la cause de cette différence nous la copions :
« Il a averti dans son petit traité (page 116) que toutes
« les fois que le beau temps concordera avec l'abaisse-
« ment continu de la colonne barométrique, cela tiendra
« à l'apparition d'une comète, l'influence d'une comète
« saturant l'air de toute humidité qui sans cela se serait
« condensée en pluie. Or, il se trouve qu'en mars 1808,
« une comète s'est fourrée dans la constellation de la
« Girafe, qui ne se couche pas, et il en est résulté que
« le temps resta beau malgré les indications pluvieuses. »

Ouf ! et voilà comme on écrit l'histoire, voilà comment des hommes fort instruits, sans doute, mais n'ayant pas la moindre idée des lois physiques qui régissent la matière, osent se donner pour des instituteurs. Reine despote, capricieuse et folle de notre globe imperceptible, mystérieuse atmosphère, que dirais-tu si tu pouvais savoir comment des sujets ingrats osent empiéter sur tes droits? A l'instar de ministres constitutionnels, ils prétendent t'imposer des règles de conduite, et connaître tes affaires mieux que toi, dont la force et la gloire sont de n'y entendre goutte. Pardonne-leur, car ils ne savent ce qu'ils disent, quoiqu'ils sachent très-bien ce qu'ils font, et pardonne-nous à nous-même si, dans notre ignorance, nous plaidons si mal une aussi belle cause. Examinons donc cette affaire en peu de mots et le plus sérieusement possible.

Et d'abord, bien que MM. Raspail et Mathieu soient de la même école, en ce qui regarde l'influence de la lune, le grand astrologue est enfoncé par ce nouveau rival, puisqu'il lui fallait en plus des observations remontant à près d'un siècle, tandis que ce dernier se contente de dix-neuf ans, modeste espace d'un cycle lunaire. On comprend de suite l'avantage de cette découverte. Maintenant, en quoi et comment, parce qu'il convient à notre satellite de parcourir des phases pareilles tous les dix-neuf ans, l'atmosphère est-elle obligée de se mettre à l'unisson, et d'en faire autant de son côté, c'est ce qui est sans doute clairement démontré dans le traité succinct de météorologie auquel nous renvoyons le lecteur désireux de s'instruire. Nous avons dit ce qu'il fallait croire de l'influence de la lune, il ne nous reste, en ce moment, qu'à nous occuper de celle des comètes.

Nous aurions même pu renvoyer M. Raspail à M. Babinet, suivant les observations duquel les comètes représentent un poids de 30,000 kilos, à peu près le sixième de l'obélisque, ce qui les rendrait plus inoffensives que l'enfant qui vient de naître, mais nous ne partageons pas l'opinion diminutive de ce savant. S'il existe des comètes aussi exiguës en poids qu'il lui plaît de le dire, et ce qui est possible, nous sommes en même temps bien persuadé qu'il peut s'en trouver d'aussi et même de plus grosses que la terre, — que de grands esprits supposent en être une refroidie, — un des faits les plus remarquables de la création étant qu'elle n'a pas produit deux œuvres semblables. Si dans notre système solaire, qui nous semble achevé et parfait, il ne se rencontre pas deux corps égaux et pareils, tandis que leurs différences sont quelquefois énormes, on peut supposer qu'il en est de même des comètes, astres incomplets et errant à l'aventure dans les espaces. Nous admettons donc avec M. Raspail, qu'une comète puisse et doive, dans des circonstances données, exercer une action sur notre globe, de même que le soleil, la lune, les planètes, et tous les autres corps célestes généralement quelconques, s'il en existe encore d'inconnus.

Malheureusement cette concession est la seule que nous puissions lui faire, et pour aller plus vite en besogne, nous allons exposer, les unes après les autres, nos principales objections. 1º Afin que le lecteur se fasse une idée de l'effet que peut produire l'attraction d'une comète sur la terre (nous ne parlons pas de cataclysmes, tels que les déluges, qu'elles ont peut-être occasionnés en passant près de nous dans les temps antéhistoriques, et dont le souvenir s'est conservé sous forme de légende, lesquels déluges furent le résultat, non de la chute des eaux, mais du soulèvement des mers par l'attraction passagère desdits astres), puisqu'on ne peut lui en supposer un par la chaleur, il suffira de lui dire que celle du soleil, qui représente, en nombre rond, plus de 27 millions de fois celle de la lune, est, à cause de la distance, inférieure à celle de notre petit satellite. Or, admettant la comète de M. Raspail à la faible distance, astronomiquement parlant, où se trouve le soleil, et même à la moitié ou au quart, et sa masse la plus grande que l'on puisse attribuer à un astre de cette espèce, n'est-il pas clair que son action serait nulle pour la terre, si ce n'est après une longue période de siècles? 2º Si l'attraction de corps beaucoup plus près de nous comme la lune, ou beaucoup plus puissants comme le soleil, n'a pas réussi à saturer l'air de toute humidité, — nous espérons que l'auteur se comprend, avantage qui nous manque entièrement, — il nous semble assez difficile d'expliquer comment une comète, dont l'action est des millions de fois moins grande, s'y sera prise pour y parvenir, à moins que ce ne soit par brevet d'invention. 3º Un air saturé d'humidité, en français intelligible, est un air qui en contient tout son soul; or, comme l'humidité n'existe d'abord que dans ou sur le sol sous forme liquide, et ne se répand dans l'atmosphère que sous l'action de la chaleur, il fallait nous apprendre de quel moyen encore inconnu la comète s'était servie pour faire concurrence à ladite chaleur. 4º Plus l'air est saturé d'humidité, et naturellement plus il se dépêche de s'en débarrasser sous forme de pluie; il aurait donc fallu nous apprendre encore de quelle manière les comètes s'y prennent pour l'y conserver, en obligeant le temps à rester beau malgré les indications du

baromètre, et en s'emparant des rênes du gouvernement terrestre. Car c'est un fait remarquable, si on en
croyait les astrologues, que la terre ne serait pour rien
dans tous les phénomènes qui s'épanouissent à sa surface. On a d'abord inventé le soleil et la lune, aujour-
d'hui ce sont les comètes, demain ce seront les planètes
ou les étoiles, et mauvais côté de la chose, il faut perdre
son temps à combattre de pareilles inepties. Il semble
que lorsqu'on avance des propositions qui choquent également la théorie, les faits et le sens commun, le premier
devoir est de les prouver. Si M. Raspail s'en est acquitté
dans ce qu'il appelle son petit traité, nous sommes coupable envers lui et lui offrons nos excuses, ainsi qu'aux
comètes. Et pour en finir, comme preuve de sympathie
pour ses louables efforts, nous lui dirons, en thèse générale, qu'avant de prétendre enseigner une science, il faut
commencer par l'étudier, précaution sans laquelle on se
trompe soi-même, ce qui est peu de chose, mais on
trompe les autres, ce qui est beaucoup plus grave.

Note C.

On vient de voir combien il est facile de bâtir des
systèmes quand on néglige les lois positives et qu'on leur
substitue les rêves de l'imagination, nous allons maintenant consacrer quelques lignes à ceux de M. Henri de
Parville, que nous n'avons pas l'honneur de connaître plus
que M. Raspail. Il s'agit ici de deux feuilletons du *Constitutionnel* des 28 novembre et 13 décembre 1863, qu'il a
donnés comme le dernier mot de la science météorolo-

gique, et qui nous semblent le *nec plus ultra* de la divagation. S'il nous fallait réfuter par le menu les erreurs qui en forment la substance, ce travail demanderait une bluette plus longue et encore plus soporifique que la précédente; nous nous en tiendrons à l'examen rapide des quatre propositions dans lesquelles, suivant lui, est renfermée toute la météorologie moderne.

PREMIÈRE PROPOSITION.

Le soleil et la lune produisent dans leur mouvement de translation annuel et mensuel autour de la terre des déplacements de l'atmosphère. Pendant les déclinaisons nord de ces astres, en d'autres termes pendant que le soleil et la lune se trouvent dans notre hémisphère boréal, la masse atmosphérique se trouve entraînée de l'équateur vers le pôle. Pendant les déclinaisons sud, en d'autres termes lorsque les astres sont dans l'hémisphère austral, l'air est au contraire entraîné du pôle vers l'équateur.

OBJECTIONS.

Et nous ajoutons qu'ils sont bien aimables de nous en laisser assez pour respirer, car rien ne les empêcherait de tout prendre et de tout garder. M. H. de P... forme ainsi, de son autorité privée, une espèce de compagnie entre le soleil et la lune, qui se seraient associés, comme des larrons en foire, pour nous subtiliser notre atmosphère ; avant de les laver d'une aussi grave accusation, même individuelle, nous devons rejeter premièrement tout projet d'association : 1° Parce que le soleil reste six mois consécutifs dans chaque hémisphère, tandis que pendant ces six mois la lune n'y fait que six apparitions successives de quatorze jours seulement, durant lesquels il n'y en a guère que quatre ou cinq où ils seraient assez rapprochés pour qu'il leur fût permis de s'entendre. 2° Parce que l'attraction de la lune est environ trois fois plus forte que celle du soleil, et qu'on ne s'associe pas dans de telles conditions, pour peu qu'on connaisse les affaires. 3° Parce que, loin d'être associés, il leur arriverait le plus souvent d'agir en sens contraire et de se dépouiller, si nous ne nous faisions fort de prouver qu'ils sont trop honnêtes gens pour avoir une pensée aussi criminelle. Comme néanmoins, associés ou non, il n'ont qu'une seule et même manière d'agir, qui est l'attraction, nous mettrons la lune seule en cause, comme étant la plus compromise, et ensuite qu'elle appartient au sexe faible, dont il est de notre devoir de prendre la défense.

Donc, suivant M. H. de P..., l'atmosphère naviguerait à la remorque de la lune, comme une chaloupe à la remorque d'un navire, et la terre assisterait comme spectatrice indifférente à toutes les manœuvres exécutées sur sa propre surface. Eh bien ! le simple exposé d'un pareil système en démontre le ridicule, et nous allons essayer de prouver à M. H. de P... qu'il navigue dans un océan Pacifique d'erreur sous les rapports de la théorie, de la logique et de l'expérience, sans parler du sens commun. Il y est certainement, croyons-nous, sous celui de la théorie, car si la lune exerce sur l'atmosphère une certaine attraction, que nous voulons bien admettre, quoique rien au monde ne la prouve, elle est contre-balancée ou plutôt annihilée par celle de la terre bien autrement puissante. En effet, d'après notre calcul, sauf erreur, l'attraction terrestre sur l'atmosphère est 276,923 fois (1), en nombre exact; celle de son satellite, d'où nous sommes autorisés à conclure qu'il peut bien, dans de certaines conditions, lui imprimer un léger mouvement d'oscillation ou de gonflement, mais non la faire bouger de place, bien loin de la traîner à la remorque, comme si elle avait les coudées franches. La lune agit sur l'atmosphère de la même manière que sur l'Océan, parce que la nature, qui avait encore plus d'esprit que M. H. de P..., n'a pas jugé à propos de lui en donner une autre; or, elle ne traîne pas l'Océan à sa suite, elle se contente de faire varier son niveau sur les côtes, d'une quantité que nous estimons en moyenne de quatre à cinq pieds sur toute la terre, ce qui suppose huit à dix pieds de différence entre les niveaux des hautes et basses mers. En pleine mer, point de départ et central de l'attraction, il s'opère un renflement successif et insensible, et non un courant comme près des terres, ce que l'on conçoit aisément, puisqu'il lui faudrait parcourir plusieurs centaines de lieues en moins de six heures. On peut comparer le mouvement produit par l'attraction à celui de la houle en pleine mer, qui se transmet en un instant à de grandes distances, sans aucun déplacement des molécules aqueuses. C'est ainsi qu'un navire fuyant devant le temps avec la plus grande

(1) Nous prenons comme données, 0,013 pour différence des masses et 60 rayons terrestres pour la distance de la lune.

vitesse connue, est soulevé et dépassé par la houle qui le laisse en place, comme s'il était à l'ancre, et poursuit son mouvement ondulatoire, avec une vitesse bien supérieure à celle du vent, et qui semble présenter quelque analogie avec l'électricité. On se convaincra de la rapidité de ce mouvement étranger à toute ingérence dans l'ordre matériel, par ce fait que, sous l'équateur on éprouve souvent une houle du S.-O., produite dans l'hémisphère sud à 7 ou 800 lieues et plus de distance, par des vents de cette partie, et ce qui prouve son indépendance, elle a dû traverser 400 lieues de parages soumis aux vents alizés qui la prennent en flanc. L'attraction lunaire proprement dite n'engendre donc aucune espèce de courant en pleine mer, ce dont nous savons quelque chose par une assez grande expérience, et s'il s'en fait sentir près des côtes, cela tient aux obstacles qu'elles présentent au mouvement ascensionnel qui vient du large. Nous attachons la plus grande importance à préciser l'action lunaire sur les eaux de l'Océan, parce que, nous ne nous lassons pas de le répéter, c'est elle seule qui nous a fait connaître l'existence de cette action, et que, n'en ayant pas d'autre à son service, elle doit être la même pour tout le monde. Ici nous ne pouvons résister à l'envie d'une citation en dehors des fameuses propositions, faisant observer que, pour battre notre auteur avec ses propres armes, nous admettons son imaginaire attraction de l'atmosphère, car voici ce que nous lisons comme enseignement préparatoire à la nouvelle théorie :

« La lune, pour avoir de l'influence, doit donc, tantôt
« abaisser l'air, tantôt le soulever, tout est là. Or, cet
« astre produit les marées océaniques par l'exhausse-
« ment ou l'abaissement des eaux. Par analogie, on en a

« conclu généralement, M. Mathieu (de la Drôme)
« comme les autres, que, de même, elle déterminait
« des marées atmosphériques. Assurément ; mais on a
« voulu faire ces marées gigantesques, parce que l'air,
« pesant 800 fois moins que l'eau, devait se soulever en
« conséquence : erreur, erreur, erreur ! *les corps s'atti-*
« *rent en raison des masses,* dit la grande loi newto-
« nienne ; petite masse, moins d'attraction ; or, c'est
« précisément parce que la masse de l'air est moins con-
« sidérable que celle de l'eau des mers, que la marée
« atmosphérique est beaucoup plus petite. Il faut pren-
« dre à rebours le raisonnement des profanes en astro-
« nomie. »

Que d'objections l'on pourrait faire à ce peu de lignes ; mais il faut être bref avant tout. Il en ressort que la lune produit des marées atmosphériques semblables aux océaniques, quoique huit cents fois plus faibles ; mais alors comment entraîne-t-elle annuellement, mensuellement et journellement l'atmosphère à sa suite. Si l'atmosphère lui obéit assez pour la suivre partout, les marées atmosphériques, résultat d'une action passagère qui commence et finit en douze heures, n'ont plus leur raison d'être. Quand on est retenu par une chaîne inflexible, comme est l'attraction, on ne peut pas aller se promener deux fois par jour. L'Océan nous offre deux marées, uniquement à cause de l'opposition des terres, et sans elles il n'y en aurait qu'une par jour ; la haute mer ayant lieu au moment de la plus grande action, — disons pour nous faire comprendre lors du passage au méridien supérieur, — et la basse mer à l'instant de la moindre action à son passage dans la partie inférieure. Or, comme l'atmosphère ne rencontre pas de barrières ainsi que l'Océan, si on la suppose attirée par notre satellite, ce ne seront plus des marées semi-diurnes qu'elle éprouvera, mais un simple gonflement quotidien de quelques minutes ou heures, ne ressemblant en rien aux marées océaniques. Est-ce que l'Océan qui, suivant notre auteur, est 800 fois plus attirable que l'air, suit la lune à la piste, à moins qu'un exhaussement de quelques pieds, qui ne déplace pas une goutte d'eau, ne soit un entraînement général? et ne semble-t-il pas que, suivant M. H. de P., pour obtenir la grandeur de l'action sur l'atmosphère, il faille diviser cinq pieds, qui est celle de l'Océan, par 50, qui représente la différence des masses, ce qui donnerait zéro pour résultat (1)? Enfin, si nous admettons que notre satellite se fasse suivre de toute la masse atmosphérique, ce qui revient au même que s'il n'y touchait pas, comment cela explique-t-il les variations de temps et de vents qui ont lieu à la même heure dans mille endroits à la fois, et qui sont le but de nos recherches. Nous n'en dirons pas plus long à ce sujet, espérant avoir fait comprendre que la lune n'entraîne rien du tout, et de plus ne se mêle de rien.

Nous laissons de côté la seconde proposition, comme par trop inintelligible pour nous, désirant à l'auteur de ne pas se trouver dans le même embarras.

TROISIÉME PROPOSITION.

Le soleil et la lune déterminent chaque jour un dépla-

(1) En supposant les 7/8es de la surface du globe couverts d'eau à une profondeur d'une lieue, et une épaisseur de 15 lieues à l'atmosphère, on trouve, approximativement, que sa masse est le 47e de celle de la mer, et non la 800e.

cement de l'atmosphère ; pendant douze heures du pôle et de l'équateur vers la latitude de 45° ; douze heures inversement de la latitude de 45° vers le pôle et l'équateur. Ces mouvements se renversent de sens quand les déclinaisons des astres changent.

OBJECTIONS.

Laissant le soleil de côté, nous demanderons à M. H. de P... le motif de ces voyages semi-diurnes de l'atmosphère, soit du pôle vers l'équateur, soit de l'équateur vers le pôle, puisqu'enfin elle ne va pas ainsi d'un endroit à l'autre pour l'unique plaisir de changer de place. Notre satellite, en accomplissant sa révolution diurne, éprouve donc, chaque jour, un accès de vigueur de douze heures pendant lequel l'atmosphère se précipite vers lui, et un accès de défaillance de même longueur, dont elle profite pour se sauver, et encore cela n'expliquerait-il rien, — car il reste constamment près de l'équateur, attirant plus ou moins l'atmosphère dans tous les sens, — s'il n'existe pas au pôle une force supérieure pour l'y faire venir, pendant ces douze heures. Si, comme il paraît, cette force se trouve par 45° de latitude, nous avons le droit de demander de quoi elle se compose, et comment elle s'y prend pour n'agir que pendant douze heures seulement ?

Si l'on en croyait M. H. de P..., le soleil et la lune ne se quitteraient jamais, tandis que c'est plutôt le contraire qui a lieu, leurs rencontres étant courtes et accidentelles. Comment par exemple s'y prennent-ils pour attirer ensemble l'atmosphère quand leurs déclinaisons sont différentes, de 23° sud pour l'un et de 19° nord pour l'autre, ce qui les met à 42° de distance. S'il y a quelque chose de probable, c'est qu'il devrait y avoir lutte entre eux, la lune dérobant au soleil les 2/3 de l'atmosphère attirée par lui, tandis qu'il lui enlèverait 1/3ᵉ de la sienne. On peut se figurer le remue-ménage, le gâchis atmosphérique résultat d'un pareil conflit, et dont cependant personne ne s'est jamais aperçu, faute, sans doute, des lunettes de notre auteur; et puis, quand le soleil se lève au moment où la lune se couche, comment font-ils pour attirer ensemble la masse atmosphérique? Supposons, maintenant, que le soleil ait offert son bras à la lune, et qu'ils s'entendent pour joindre leurs attractions, est-ce qu'ils ne restent pas toujours près de l'équateur, attirant à eux l'atmosphère des pôles? Qu'ils attirent davantage celle du pôle le plus proche, cela se conçoit, mais les actions sont toujours dirigées dans le même sens, des pôles vers l'équateur, et rien n'explique un courant contraire à cette action.

En affublant notre satellite d'une attraction sur l'atmosphère, M. H. de P... ne s'est pas aperçu qu'il la dénaturait à son profit. En effet, si nous l'admettons pour un instant, il est clair qu'elle embrasse toujours la moitié de la surface du globe, soit un demi-hémisphère quelconque, parce que pour elle il n'existe ni Nord ni Sud, et conséquemment n'est pas plus dirigée des pôles vers l'équateur, que de l'Est à l'Ouest, ou dans toute autre direction. S'il y avait une attraction, elle s'exercerait également dans tous les sens, parce qu'elle ne se mêle que de son métier qui est d'attirer, sans préférence pour aucun côté. Lors donc qu'on nous parle de courants des pôles vers l'équateur, nous avons le droit de leur en opposer d'égaux et de perpendiculaires, et dans tous les sens possibles. Que deviennent alors les courants privilégiés nord et sud, indispensables à la théorie Parvillienne? Comme nous ne voyons aucune objection sérieuse à ces raisonnements d'une simplicité antique, et que nous trouvons un très-médiocre plaisir, pour ne pas dire un véritable ennui, à réfuter de semblables fadaises, nous abandonnerons les courants atmosphériques à la disposition de l'inventeur, nous empressant de clore ici l'examen des quatre propositions fondamentales de la météorologie moderne, car

La quatrième proposition se composant d'un français aussi inintelligible pour nous que la seconde, nous la traiterons avec le même respect en n'y touchant pas.

Avant de passer à la preuve de sa théorie par l'expérience, l'auteur établit que les vents de l'équateur au pôle sont ascendants, et doivent déterminer la pluie en soulevant l'air sur leur passage. Que d'erreurs dans ce peu de mots! D'abord comment un vent qui soulève l'air, produit-il la pluie plutôt que la sécheresse? C'est ce qu'il aurait fallu commencer par apprendre aux profanes, ayant la sottise de croire qu'elle est produite par la chaleur ; et que si le vent de l'équateur l'amène avec soi, c'est qu'il l'a apportée dans ses flancs des pays chauds où elle se forme. Ensuite, comme il n'y a ni haut ni bas sur une sphère, les vents ne montent pas plus de l'équateur vers les pôles, qu'ils ne descendent des pôles vers l'équateur, vérité géométrique élémentaire, dont il peut se convaincre en faisant un petit voyage autour du monde. Il nous en coûte de lui dire que les pôles et l'équateur ne sont que des points imaginaires conventionnels, déterminés par la rotation diurne, mais qui ne sont ni plus haut ni plus bas les uns que les autres, et que n'importe quels points pris au hasard sur la surface. La seule différence entre eux provient de la chaleur et du froid qui les distinguent suffisamment, mais ne changent rien à leur nullité physique, ni au mode d'attraction. Il est bon d'ajouter, suivant notre auteur, que le vent du pôle produit un effet contraire à celui de l'équateur, c'est-à-dire le beau temps, parce qu'il en descend, et passe dans la région supérieure de l'air, ce qui nous empêche de comprendre comment il le sèche et purifie dans la région inférieure, à la surface de la terre. Assez de la nouvelle théorie, car en vérité nous sommes honteux de perdre notre temps à réfuter un pareil galimatias.

L'EXPÉRIENCE.

L'expérience sur laquelle **M. H. de P...** appuie sa théorie, pouvant marcher de pair avec elle, c'est-à-dire, n'étant qu'un assemblage d'erreurs et de suppositions gratuites, fruit d'une brillante imagination, sans aucune espèce de sel, après ce qui vient d'être dit, nous croyons pouvoir nous dispenser de l'extrême ennui de les réfuter. Nous savons fort bien qu'une négation ou une affirmation ne sont pas des preuves, mais si celles que nous avons données ne suffisent pas pour persuader au lecteur qu'on a voulu abuser de son innocence, la faute provient de notre incapacité, et mieux vaut nous abstenir. Lorsque **M. H. de P.** nous aura apporté un seul fait, nous n'en demandons pas deux, gros seulement comme une noisette, à l'appui de sa théorie, non-seulement nous nous engageons à y croire, mais à proclamer que Kepler, Newton,

Laplace, ne sont pas dignes de dénouer les cordons de ses souliers. En attendant, une chose a droit de nous étonner, c'est que l'auteur n'ait pas fait l'application de son système, seul moyen de le rendre utile, car à quoi bon inventer des théories qui ne servent à personne? Il lui eût été si facile, laissant Mathieu Laensberg, Mathieu de la Drôme, Mathieu Raspail, et tous les Mathieu prophétiseurs loin derrière lui, de rendre le plus signalé service à ceux que le temps à venir intéresse, que nous ne comprenons pas son silence, devant une gloire aussi pure en perspective, sans parler du bénéfice matériel. Nous le prévenons même que le besoin de son ouvrage ne s'est jamais fait plus sentir, puisque le soleil et la lune, auxquels il a confié les rênes de notre gouvernement atmosphérique, semblent avoir perdu la tête, et ne nous donnent depuis longtemps que des saisons impossibles. Nous terminerons ici l'appréciation de la nouvelle théorie sur laquelle nous nous sommes un peu arrêté, non qu'elle ait plus de valeur que celle de M. Raspail, mais à cause du nom de l'auteur, que nous aimons à croire beaucoup plus fort sur les autres questions scientifiques.

LE SENS COMMUN APPLIQUÉ A LA CRÉATION.

Ce paragraphe est la conséquence naturelle de ce qui précède, et sans en avoir l'air un surcroît de réfutation de la théorie précédente. Nous croyons d'abord devoir prévenir le lecteur que nous n'assistions pas à la création du monde, de sorte que nous serions fort embarrassé de lui dire comment et pourquoi il a été créé, bien que nous l'ayons parcouru dans tous les sens. Néanmoins, si la pensée première nous échappe, l'ordre admirable qui règne dans la matière, permet de supposer un calcul bien plus savant que celui de M. H. de Parville, et comme nous l'avons fait sentir plus d'une fois, remarquable surtout sous le rapport de la simplicité. Pour nous faire comprendre, nous supposerons que le créateur de notre globe a dû raisonner de la manière suivante au moment de se mettre à l'ouvrage : « Il me faut pour compléter mes planètes une dernière boule dans le même genre et de faibles dimensions, mais composée de matériaux différents. J'ai justement découvert dans l'espace des matières dont je ne me suis pas encore servi, telles que la terre, l'eau et l'air; je les combinerai de façon à leur donner une forme à peu près sphérique, et grâce à ma loi de l'équilibre, ce dernier ouvrage sera libre et indépendant de ses voisins, avec lesquels il ne conservera que des rapports, à peu près nuls, de parenté attractive. Mais boulifier la matière qui ne demande pas mieux, est la partie la plus facile de ma tâche, car pour qu'elle serve à quelque chose, il faut la rendre habitable par des créatures qui chantent ma gloire, et je n'en vois pas d'autres que les bipèdes qu'on appellera des hommes. Malheureusement ce sont les plus difficiles à confectionner, puisque, malgré cette puissance qui m'a permis de peupler l'univers d'un nombre infini d'astres et d'êtres de toutes les formes et grandeurs, je ne pourrai produire qu'un mâle de cette espèce, ce qui m'obligera à lui retirer une de ses côtes pour en pétrir la femelle indispensable à son bonheur. Et comme ces bipèdes que je créerai à mon image, puisqu'ils auront comme moi des yeux, un nez, une bouche, des oreilles, de la barbe, des cheveux, des bras, des jambes, un ventre, un derrière, etc.,

etc., et même, suivant la température, des vêtements en drap ou en coton, semblables aux miens (voir n'importe qu'elle image de la Trinité), ne pourraient vivre sans chaleur, je leur ferai parvenir celle de mon soleil, le chef-d'œuvre de ma création. Je ne sais pas encore bien exactement, il est vrai, comment il s'arrangera avec l'atmosphère pour produire la chaleur requise, mais on finira par le découvrir, et l'important est que ma volonté s'exécute. De cette manière, ma nouvelle planète se suffira à elle-même comme ses sœurs, et sera indépendante du soleil, avec lequel elle ne communiquera qu'au moyen de l'attraction nécessaire pour la maintenir dans son orbite. Quant au satellite que je lui permettrai de s'adjoindre uniquement pour venir en aide aux marins qui formeront la première caste parmi les bipèdes futurs, comme je ne veux pas qu'il trouble l'harmonie que j'ai établie ni qu'il empiète sur les droits de la terre à être maîtresse chez elle, sa seule influence sera due à son attraction, qui opérera un léger soulèvement des eaux océaniques. S'il lui prend envie d'agir sur l'atmosphère, comme certains esprits un peu détraqués le lui conseilleront, j'entends que ce soit comme sur l'Océan, lentement et progressivement, sans la déplacer ni la troubler, ce qu'elle n'est déjà que trop disposée à faire de sa nature, sans qu'on vienne encore l'encourager. »

Si la combinaison précédente ne s'est pas faite en paroles, elle ressort des actes et peut se résumer ainsi : la terre est un corps isolé et complet, soumis à ses propres lois, qui ne permettent à ses voisins qu'une ingérence attractive, tout à fait insignifiante dans ses affaires. Vouloir abandonner son atmosphère, sa pièce la

plus importante, à leur merci, est une supposition non-
seulement contraire au sens commun, mais outrageante
pour la simplicité de ces lois, réduites ainsi à néant, puisqu'elle serait avant tout soumise à l'influence de la lune
et du soleil, la chaleur, le froid, la dilatation, l'équilibre,
ses propres moyens d'action étant pour elle comme une
cinquième roue à un carosse. Vous dites erreur, erreur,
M. H. de Parville, nous vous répondons par sens commun, sens commun, sans parler de la théorie scientifique,
aussi certaine que quoi que ce soit sur la terre, et qui n'a
pas été inventée pour les Iroquois.

Note D.

NOTRE ALMANACH PROPHÉTIQUE.

Après avoir démoli, ou plutôt essayé de démolir les
systèmes des prophétiseurs en vogue, il nous semble
juste d'offrir une compensation aux malheureux que nous
avons faits, en les régalant d'un système d'un nouveau
genre.

Nous posons d'abord ce principe, qu'en fait de temps
il n'existe jamais de certitude mathématique, tout ce
qu'on peut obtenir se réduisant à des probabilités plus
ou moins grandes. Ainsi, pour ne citer que deux exemples, si le baromètre est très-haut, l'horizon dégagé et
la direction du vent se rapprochant du Nord pendant la
matinée, il y a plus de cent à parier contre un que le
temps restera beau jusqu'au lendemain ; et si au contraire, le baromètre est bas, le temps pluvieux, et le vent
à peu près au Sud, la probabilité est égale dans le sens op-

posé, quoique un peu moins grande. Cette différence dans les probabilités provient de ce que, par suite de sa tendance naturelle à l'équilibre, l'atmosphère passe plus facilement du mauvais au beau temps que du beau au mauvais, et qu'il dure moins, en thèse générale, car elle ne connaît pas de règle fixe. Au delà de vingt-quatre heures les probabilités diminuent rapidement, ainsi qu'on va le comprendre. Supposons que le beau temps règne depuis un ou plusieurs jours accompagné des conditions susdites, comme il doit nécessairement changer, il faudrait un signe précurseur pour en avertir, lequel ne peut se trouver que dans le baromètre, ou dans un changement de l'apparence actuelle et visible du temps, et faute de ces signes, comment savoir s'il lui reste un ou plusieurs jours de durée? Depuis le jour où il commence jusqu'à celui où il finit, la prolongation du beau comme du mauvais temps est donc incertaine, parce que rien n'indique dans la nature qu'elle doive être d'un jour plutôt que d'un mois, et que le changement peut s'opérer en moins de vingt-quatre heures. Daprès le cours ordinaire des choses, et malgré les moyens d'investigation à notre portée, nous sommes incertains, trois fois sur quatre, du temps qu'il doit faire dans la journée, et il se trouve des gens qui prétendent l'annoncer des années à l'avance : n'est-il pas évident qu'ils se moquent du public, sinon de son argent ? Si nous nous sommes bien expliqué, le lecteur doit comprendre qu'il n'existe rien de certain, mais seulement des probabilités pour les variations du temps, et que notre système limité à vingt-quatre heures ne ressemble en rien à celui de nos heureux adversaires, qui embrasse des années ou des siècles. Le voici dans toute sa naïve simplicité.

Nous supposons une personne ayant confiance en nous, et voulant connaître le matin en se levant le temps probable de la journée, trois choses lui sont recommandées: la première de consulter son baromètre, instrument indispensable dans la circonstance; la seconde de s'assurer autant que possible de la direction du vent; et la troisième de voir si l'horizon est chargé du Sud à l'Ouest, mais principalement dans le Sud, et sur ces données établissons les principaux degrés de probabilités, faisant observer que les variations sont plus promptes en hiver qu'en été.

1re *supposition*. — Si le baromètre est haut, au-dessus de 28· 4 lignes, par exemple, le vent au Nord de la ligne Est et Ouest, et l'horizon dégagé dans le Sud, on peut admettre cent chances contre une pour la continuation du beau temps pendant au moins vingt-quatre heures.

2e *supposition*. — Si les conditions ci-dessus persistent le lendemain, il y a pas mal de chances pour que le beau temps dure un certain nombre de jours, impossible à préciser.

3e *supposition*. — Si le baromètre est à 28· ou au-dessus, le vent plutôt Nord que Sud, et l'horizon non chargé dans le Sud, il y a grande probabilité pour le maintien du beau temps pendant toute la journée.

4e *supposition*. — Si avec le baromètre à 28·, le vent tient du Sud, et l'horizon est plus ou moins chargé dans cette partie, il est probable que le mauvais temps arrivera dans les vingt-quatre heures.

5e *supposition*. — Si le baromètre est au-dessous de 28·, soit à 27· 10 ou 11 lignes, les autres conditions restant les mêmes, il y aura probabilité pour le commencement du mauvais temps, avant que douze heures soient écoulées.

6ᵉ supposition. — Quand le mauvais temps règne, le baromètre étant bas, ce qui est le cas ordinaire, et qu'il commence à monter, en même temps que le vent qui était du Sud à l'Ouest est passé à l'Ouest franc, il existe beaucoup de chances pour que ce soit la fin de la pluie et du mauvais temps, lors même qu'il soufflerait encore avec force de l'Ouest.

7ᵉ supposition. — Règle générale. La pluie ou le mauvais temps vient principalement du Sud ; la sécheresse ou le beau temps vient principalement du Nord, d'où il suit que le beau et le vilain temps dépendent de la plus ou moins grande part que les vents de ces deux directions ont prise dans celle du vent régnant. La direction que suivent les nuages inférieurs est un indice qui peut venir en aide à celle du vent, ou même la remplacer.

Comme nous avons hâte d'en finir, nous nous contenterons des suppositions ci-dessus, suffisantes pour mettre sur la voie les personnes bien intentionnées, leur faisant observer qu'il s'agit de variations atmosphériques, se moquant des suppositions, des probabilités et des baromètres, à moins que le soleil, la lune ou les comètes ne se mêlent de la partie. Cette incertitude est d'autant plus flagrante, qu'il arrive quelques fois qu'il pleut avec des vents au Nord et un baromètre haut, tandis que le temps reste beau avec des vents du Sud et un baromètre à la pluie. Ces anomalies proviennent, sans doute, des courants d'air supérieurs dont nous avons parlé, lesquels s'abattent

sur nous, portant un trouble apparent dans l'atmosphère
à notre portée, sans être capables d'en changer le fond.
A cet égard, comme sur tant d'autres, nous sommes
d'une ignorance fort présentable, et loin en arrière de
nos devanciers en prophéties qui savent fixer le temps des
années à l'avance; et comme dans un cas d'infériorité si
manifeste, le parti le plus sage est de se taire, nous pro-
fitons de l'occasion pour adresser nos adieux au lecteur,
en y joignant une tempête d'excuses pour avoir mis sa
patience à une aussi rude épreuve.

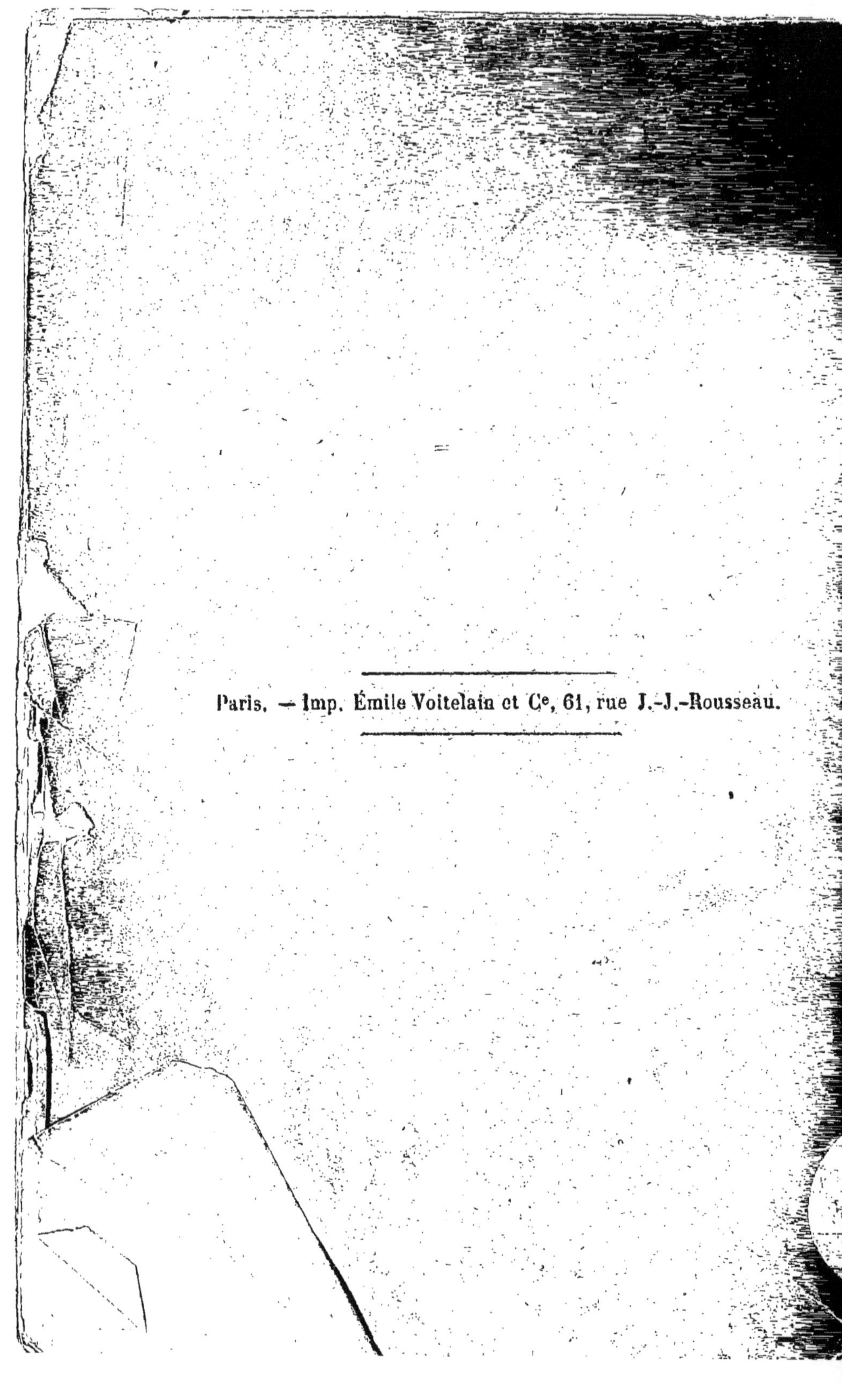

Paris. — Imp. Émile Voitelain et Ce, 61, rue J.-J.-Rousseau.